Excelでわかる ディープラーニング超入門

AIのしくみを
やさしく理解できる!

涌井良幸　涌井貞美 著

技術評論社

はじめに

AI（人工知能）は毎日のようにマスコミの話題として取り上げられています。それほど社会へのインパクトが大きいテーマなのです。「AI、将棋で名人を破る」、「AIで株価予測」、「AIで健康管理」、「AIで自動運転」等々、枚挙に暇がありません。

このように話題の中心となるAIですが、その定義はあいまいです。昔から「AI炊飯器」などの家電も売られており、「何をいまさら」という意見もあります。しかし、今話題のAIはこれまでとは劇的に異なります。新しいアルゴリズムが開発されたのです。通称「ディープラーニング」とか「深層学習」と呼ばれるアルゴリズムです

たとえば、次の2つの手書きの数字画像を見てください。

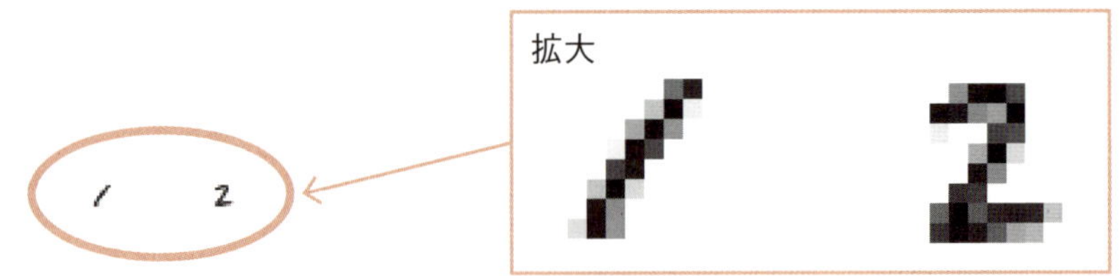

人には数字「1」、「2」と判別できますが、コンピューターにどのように区別させればよいでしょうか。

従来の20世紀型のアルゴリズムは機械に教え込むことが基本でした。

「1とはこんな数字の形であり、2とはそんな数字の形である」

ということを、事細かくコンピューターに教え込んだのです。

しかし、このアルゴリズムでは少し形が崩れた文字の判別は困難です。どんな悪筆に対しても対応できるように機械に教え込むのは無理なのです。ところが、ディープラーニングの手法を利用すると、それを実に簡単に実現できるのです。人間がどうにか判読できる文字でも、しっかり読んでくれます。しかも、驚くべきことに、人が事細かく教える必要はないのです。

本書はディープラーニングのしくみついて、Excelと対話しながら「わかり」「理解すること」を目的とした入門書です。基本的で具体的なテーマを追いながら、一歩一歩そのしくみを解き明かしていきます。

ディープラーニングについて多くの本が刊行されています。しかし、そのほとんどは使い方であったり、応用法であったりします。「なぜディープラーニングが形を区別できるのか」という根本的な問いに答える刊行物はほとんどありませんし、あっても難解です。これからディープラーニングがますます発展することが予想されますが、そのような時代にこそ、基本がしっかり見えていることが肝要です。本書はその基本を可視化することを目的としています。

ExcelはAI学習に最適といえます。ディープラーニングを支える「畳み込みニューラルネットワーク」は人工ニューロンから構成されていますが、面白いことにその一つひとつがExcelの一つひとつのセルに移し替えられるのです。すなわち、Excelのワークシートを眺めると、畳み込みニューラルネットワークの構造が容易に把握できるのです。本書はこのメリットを十分活用しながら、解説を進めます。

世界最強のプロ棋士のひとりを破った米グーグルのAI「アルファ碁」を開発した技術者デミス・ハサビス氏は次のように述べています。

「(AIの開発は)正しいはしごを登り始めた」

ハサビス氏が「正しいはしご」と呼ぶのは、まさにディープラーニングのことです。本書がその理解の一助になることを希望してやみません。

最後になりましたが、本書の企画から上梓まで一貫してご指導くださった技術評論社の渡邉悦司氏にこの場をお借りして感謝の意を表させていただきます。

2017年12月　著者

目次

付録 009

本書の使い方

- 本書はディープラーニングの基本となる畳み込みニューラルネットワークのしくみを、Excelを利用して理解することを目的とします。掲載のワークシートはExcel2013、2016で動作を確かめてあります。
- 畳み込みニューラルネットワークのしくみがわかることを目的としています。そこで、図を多用し、具体例で解説しています。そのため、厳密性に欠ける箇所があることはご容赦ください。
- ディープラーニングの世界はいろいろですが、本書は階層型ニューラルネットワークと畳み込みニューラルネットワーク(CNN)を画像認識に応用することを念頭に置いています。
- 本書は「教師あり学習」のみを考えます。「教師なし学習」「強化学習」は入門編としては高度の内容になるからです。
- 活性化関数はシグモイド関数を主に考えています。
- AIの文献の難読性のひとつは、文献による記号表現の不統一性にあります。本書では、Web上の文献で使われている最大公約数的な記号表現を採用しています。
- 本書の理解にExcelの基本的な知識を前提としています。2章でそれを確認しているので、ご利用ください。

Excel サンプルファイルのダウンロードについて

本文中で使用するExcelのサンプルファイルをダウンロードすることができます。手順は次のとおりです。

❶「http://gihyo.jp/book/2018/978-4-7741-9474-5/support」にアクセス

❷「サンプルファイルのダウンロードは以下をクリックしてください」の下にある「excel_deeplearning_sample.zip」をクリック

❸ 任意の場所に保存

■ サンプルファイルの内容

項目名	ページ	ファイル名	概要
2 章の内容を Excel で体験	P17～	2.xlsx	基本的な関数とソルバーの使い方を確認
3 章の内容を Excel で体験	P39～	3.xlsx	ニューロンの計算を体験
4 章の内容を Excel で体験	P59～	4.xlsx	ニューラルネットワークのしくみを解説
5 章の内容を Excel で体験	P111～	5.xlsx	畳み込みニューラルネットワークのしくみを解説

注 意

・本書は、Excel2013、Excel2016で執筆しています。他のバージョンでの動作検証はしておりません。

・ダウンロードファイルの内容は、予告なく変更することがあります。

・ファイル内容の変更や改良は自由ですが、サポートは致しておりません。

1 章

初めての
ディープラーニング

人工知能（AI）の分野で、近年大きな話題を集めているのがディープラーニング（深層学習）です。毎日のようにマスコミに取り上げられています。本章では、ディープラーニングの基本となるニューラルネットワークや畳み込みニューラルネットワークがどんなものか、また数学がどのように関与するかを鳥瞰してみましょう。

畳み込みニューラルネットワークのしくみは簡単

近年、人工知能（AI）という言葉がマスコミを騒がせています。そのAIの実現手段の一つが「**ディープラーニング**」です。このディープラーニングとはどんなものかを見てみましょう。

次の図は数字1と2を表しています。我々人間にとって、すぐにそれとわかります。

1 / 1 1 1
2 2 2 2 2

しかし、人が当たり前と思っている判断を、機械に行わせようと思うと、困難を極めます。大きさも筆跡も濃淡も、さまざまに変化に富んでいるからです。このような単純な問題でも、実用的な形の識別を自動的に実現しようと思うと、我々は途方に暮れてしまうのです。

実際、20世紀までの論理では、文字や図形の識別に対処する理論作成は挫折の連続でした。その理由はコンピューターに教え込もうとする論理をとったからです。たとえば、手書きの数字「2」をコンピューターに認識させようとするとき、20世紀の論理は「『2』とはこのような特徴を持ったもの」と教え込もうとしたのです。

しかし、「教え込む」には現実はあまりに複雑です。先にも言及したように、字の形が余りにも多様すぎるからです。

ところが、20世紀末の頃になって画期的な方法が開発されました。**ニューラルネットワーク**と呼ばれるアルゴリズムです。動物の神経細胞を真似た人工ニューロンを積み重ね、ネットワークを作ります。そして、そのネットワークにたくさんの数字を読ませ、自ら学習させるのです。

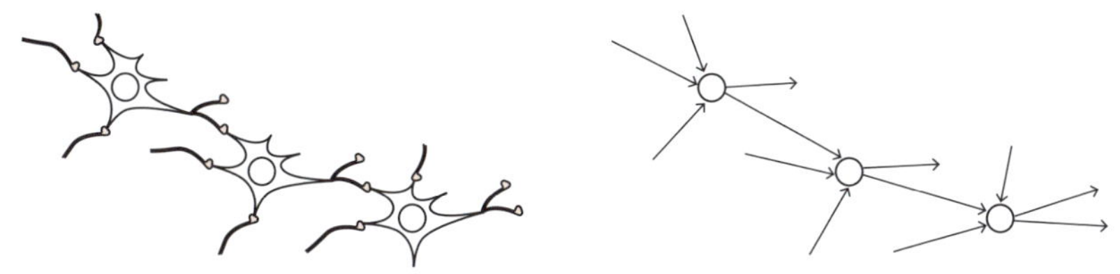

動物のニューロン（左）を真似た人工のニューロン（右）をネットワーク状につなげたのがニューラルネットワーク。

この方法は20世紀型のパターン認識のための論理に比べ、大きな成功を収めることになります。特に、ニューラルネットワークを多層に構造化した**畳み込みニューラルネットワーク**と呼ばれる手法を用いると、人や猫ですらも写真や動画の中から認識できるようになったのです。**ディープラーニング**とはこのようなしくみで実現されたAI（人工知能）なのです。ちなみに、ディープラーニングは**深層学習**と直訳されます。

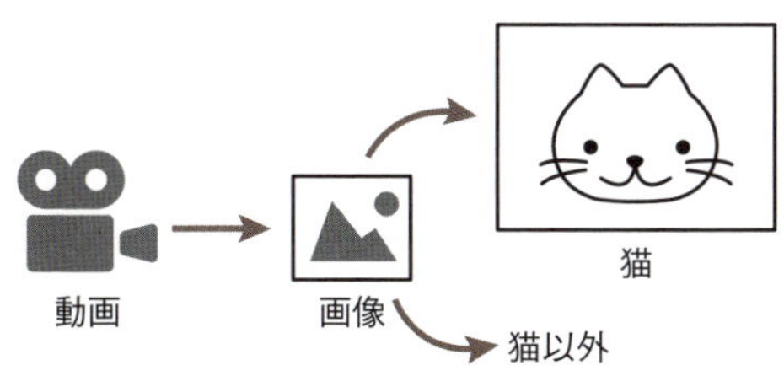

さて、「自ら学習」などというと難しく聞こえますが、ニューラルネットワークは数学的に大変簡単な理論です。面倒な計算部分をExcelに任せてしまうと、基本的なしくみは中学校の数学で理解できます。Excelの1つのセルが1つのニューロンに見立てられるからです。

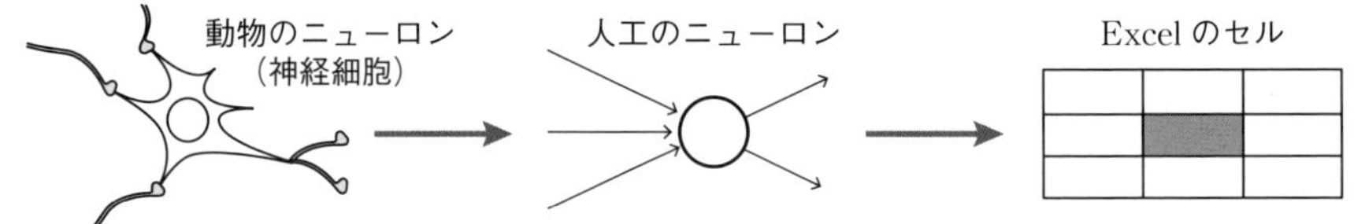

Excelのセルは人工ニューロンの機能を果たす。

しくみが単純ということは大変ありがたいことです。これからは、人工知能が身近になることが予想されるからです。身近なもののしくみが見えなくては、使うのに危険があります。しくみがわかってこそ、正しい付き合い方が可能になるからです。

たとえば、マスコミ報道には次のような刺激的なタイトルが散見されます。

「人工知能で人は職を失う」

「人工知能が人間を支配する」

「人工知能が小説を書く」

しかし、しくみが理解されていれば、「それは、そんなもの」と客観的な判断が可能になります。無用な心配から解放され、刺激的なタイトルに踊らされることはなくなるのです。

さて、ディープラーニングの基本は「畳み込みニューラルネットワーク」であり、畳み込みニューラルネットワークのアイデアは「動物の脳を真似ることから生まれた」と述べました。すると、逆にディープラーニングを学ぶことで、動物の脳、そして人の脳の理解につながるはずです。

例えば、「単純な神経細胞（ニューロン）がネットワークを組むと、なぜ『知能』が生まれるのか？」という困難な課題に対して、畳み込みニューラルネットワークは一つの解決の糸口を提供できるかもしれません。

また、「鍵刺激」といって、動物には本能的な行動を起こさせる特定の刺激がありますが、なぜそのようなことが起こるのかも、畳み込みニューラルネットワークは一つの解決のアプローチを提供するはずです。

例えば、イイダコというタコの仲間はラッキョウを見せると飛びついてきます。そこで、ラッキョウを疑似餌としてタコ釣りが楽しめます。しかし、どうしてイイダコがラッキョウに反応するのでしょうか。本書で調べる畳み込みニューラルネットワークのしくみがわかると、その理解の糸口がつかめるかもしれません。

イイダコはラッキョウを見ると飛びついてくる。そのしくみが畳み込みニューラルネットワークでわかるかもしれない。

さらにまた、動物の脳の中の1ニューロンが破壊されても、全体には大きな影響を示さない、という特性があります。そうでなければ動物の生命維持は不可能でしょう。これはコンピューターの世界とは大違いです。コンピューターにおいて、そのCPUの配線の1本が切れただけでも、大変なことになります。このような動物とコンピューターの違いも、本書で調べる畳み込みニューラルネットワークを理解することで、納得がいくようになるかもしれません。

以上調べたように、畳み込みニューラルネットワークの理解は、さまざまな応用と発展の可能性を秘めています。Excelという便利な道具を利用して、これからこの世界に分け入ってみましょう。

Memo ディープラーニングの誕生

2006年、トロント大学Hinton教授が発表した論文が発端といわれます。その後、その考え方を用いて開発されたソフトウェアが一般物体の認識のコンテスト（ILSVRC）で優勝し（2012年）、脚光を集めました。

§2 AIとディープラーニング

AI（人工知能）という言葉が氾濫しています。しかし、AIとは何かについての議論は、なかなか定まらないようです。そこで、ディープラーニングを理解するために、歴史を少し振り返ってみましょう。

AIの定義は定かでない

以前から「AI炊飯器」などというように、AIを冠した商品が販売されていました。その「AI」とは何かについては、統一的な定義はなされていません。そこで、次のような極論も生まれます。

「機械が一回でも判断すれば、それをAIと呼ぶ」

これを認めれば、例えば「暑いからスイッチを入れる」という単純なエアコンも「AI搭載エアコン」ということになります。

現在マスコミや経済界を騒がせているAIは、「ディープラーニング」と呼ばれるアルゴリズムを用いるものです。今世紀において、そのディープラーニングの輝かしい成果を紹介しましょう。

年	成果
2012年	世界的な画像認識コンテストILSVRCで、ディープラーニングの手法を用いた手法が圧勝。
2012年	Googleの開発したディープラーニングの手法を用いたAIがユーチューブの画像から猫を認識する。
2014年	Apple社はSiriの音声認識を、ディープラーニングの手法を用いたシステムに変更。
2016年	Googleが開発したディープラーニングの手法を用いたAI「アルファ碁」が世界トップ級の棋士と勝負し、勝ちを収める。
2016年	AUDIやBMW社で、自動車の自動運転にディープラーニングの手法が利用される。

この表が示すように、ディープラーニングは人工知能（AI）の分野で大きな成功を収めているのです。定義の定かでないAIですが、その一つの実装手段であるディープラーニングは、確実に成果をあげています。

AIにもブームがある

すべての分野がそうであるように、AIにもブームがありました。それをまとめてみましょう。

空想ではなく、現実としての人工知能（AI）は1950年代から研究が始まったといわれます。それはコンピューターの開発の歴史と重なりますが、以下の3つのブームに分けられます。

世代	年代	キーとなる言葉	主な応用分野
第1世代	1950～1970	論理	パズルなど
第2世代	1980年代	知識	ロボット、自動翻訳
第3世代	2010年～	データ	パターン認識、音声認識

第2世代では、日本が主導権を握りました。代表的なものは**エキスパートシステム**と呼ばれますが、さまざまな分野の達人の知識を教え込むタイプのAIです。その結果として、日本の産業用ロボットが世界を席巻することになります。

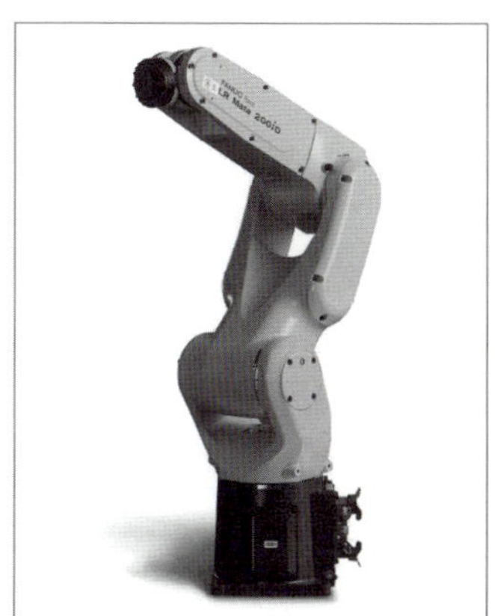

産業用ロボット
このロボットの多くには、人が教え込むタイプの人工知能が利用されている。各界の達人の技まで習得したロボットも多い。このようなAIをエキスパートシステムと呼んでいる。

本書のテーマになる第3世代は、表にも示しましたが、データが主役になります。先にも言及したように、ディープラーニングは自ら学習する論理を採用します。そこで、論理ではなく大量のデータが必要になるのです。IoTやビッグデータなどの時代を代表する言葉と共にAIが話題になるのはこのためです。

AI研究の明るい未来

ディープラーニングはAI（人工知能）の実現の大きな一歩です。序でも触れましたが、米グーグルの人工知能「アルファ碁」の生みの親であるデミス・ハサビス氏は「ディープラーニングと強化学習の2つの技術が確実に知能の研究を切り開く」と明言しています。そして、「正しいはしごを登り始めた」と自信を示しています。実際、前のページ（14ページ）に示したディープラーニングのやり遂げた偉業を見ると、それは夢の話ではないと思われます。本書で取り上げたディープラーニングの基本の話はその最初の一歩にすぎませんが、大きな飛躍の可能性を秘めています。

Memo AIと誰が命名？

1956年、アメリカのニューハンプシャー州ハノーバーにあるダートマス大学で開催されたダートマス会議において、Artificial Intelligence（人工知能）という言葉が初めて提唱されました。その会議のメンバーのジョン・マッカーシーが提案した言葉です。マッカーシーは「人工知能の父」とも呼ばれるコンピューター科学の学者です。ちなみに，人工知能という言葉ではないのですが、同じ概念は1947年、「コンピューター科学の父」といわれるアラン・チューリングによって提唱されています。

2章

Excelの確認とその応用

ニューラルネットワークや畳み込みニューラルネットワークで利用するExcelの知識は大変初等的です。多くの読者にとっては周知のことと思われます。しかし、その初等的な知識がないと先に進めません。老婆心ながら、本章では一応の確認をすることにします。
また、それに絡めてデータ分析の基本になる回帰分析の方法を調べます。

利用するExcel関数はたったの7個

本書のニューラルネットワークや畳み込みニューラルネットワークの解説で利用する関数はわずかです。すべて有名な関数であり、解説を要しないかもしれませんが、確認しましょう。

利用する関数は7個

次の7個の関数を使えれば、ニューラルネットワークや畳み込みニューラルネットワークが簡単に構築できます。

関数	意味	利用例
SUM	セル範囲の数値の和を計算します。	目的関数の計算
SUMPRODUCT	2つの指定した範囲にある数値の積和を計算します。	入力の線形和
SUMXMY2	2つの指定した範囲にある数値の差の平方和を計算します。	平方誤差の算出
EXP	指数関数の値を計算します。	シグモイド関数
MAX	指定した範囲の最大値を求めます。	MAXプーリング、ReLU
RAND	0以上1以下の乱数を発生。	初期値設定
IF	大小の判定。	画像の判定

この表の中で、後述の「入力の線形和」の計算に便利な**SUMPRODUCT**関数、最適化問題を解くときに便利な**SUMXMY2**関数(Sum of$(X-Y)^2$)、そして**EXP**関数の使い方を、例で確認します。

注 以下の例のワークシートは、ダウンロードサイト(→8ページ)に掲載されたファイル「2.xlsx」の中の「1_例1」「1_例2」「1_例3」タブにあります。

例 1 $(x,\ y)=(0.9,\ 0.1)$、$(a,\ b)=(0.8,\ 0.3)$ とします。このとき次の積和 S を、SUMPRODUCT 関数を用いて求めましょう。

$$S=ax+by$$

B3　=SUMPRODUCT(B1:B2,D1:D2)

	A	B	C	D	E	F
1	x	0.9	a	0.8		
2	y	0.1	b	0.3		
3	S	0.75				

例 2 （例 1）と同じく $(x,\ y)=(0.9,\ 0.1)$、$(a,\ b)=(0.8,\ 0.3)$ とするとき、次の「差の平方和」Q を、SUMXMY2 関数を用いて求めましょう。

$$Q=(x-a)^2+(y-b)^2$$

B3　=SUMXMY2(B1:B2,D1:D2)

	A	B	C	D	E	F
1	x	0.9	a	0.8		
2	y	0.1	b	0.3		
3	Q	0.05				

例 3 EXP 関数を用いてシグモイド関数を作成しましょう。

シグモイド関数 $\sigma(x)$ は後述するように指数関数 e^x から次のように得られます（グラフは右図）。

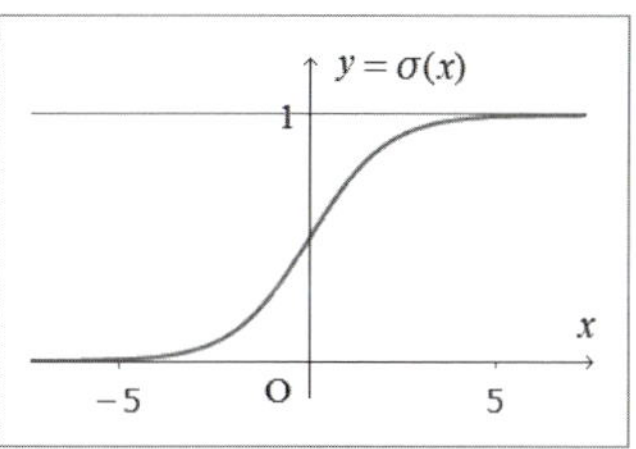

$$\sigma(x)=\frac{1}{1+e^{-x}}\ \cdots (1)$$

ここで、e はネイピア数と呼ばれる数で、次の値で近似されます。

$e \fallingdotseq 2.71828$（「鮒一鉢二鉢」という覚え方が有名）

EXP 関数は指数関数 e^x の値を求めるための関数です。式 (1) からシグモイド関数は次のように表現できます。

B2　=1/(1+EXP(−A2))

	A	B	C	D	E
1	x	σ(x)			
2	1	0.731059			

2 Excelの参照形式

表計算を使う上で必須の知識が「セルの参照方法」です。その方法は3種あります。3つともExcelでニューラルネットワークを実装するときに多用されます。

注 本節の各例のワークシートは、ダウンロードサイト（→8ページ）に掲載されたファイル「2.xlsx」の中の「2_例1」「2_例2」「2_例3」タブにあります。

セル参照

表計算において、計算式はセルの番地から構成されるのが普通です。このようにセルの番地を引用することを**セル参照**といいますが、その方法として、相対参照、絶対参照、複合参照の3つの方法があります。これらの違いをマスターすることが肝要です。

相対参照

表計算の標準的なセル参照は**相対参照**です。あるセルに書かれた計算式を他のセルにコピーすると、その相対移動分だけ、計算式の番地が更新されます。次の例で確かめましょう。

例1 次のように社員3人の身長と体重の記録があります。この人たちの体格指数（BMI）（＝体重kg÷（身長m）^{2}）を求めましょう。

最初に、1番の社員のBMIの計算式をセルD2に入力します。

D2　=C2/(B2^2)

	A	B	C	D	E
1	社員番号	身長(m)	体重(kg)	BMI	
2	1	1.75	64	20.9	
3	2	1.64	59		
4	3	1.67	71		

次に、セル D2 に入力した計算式を D3:D4 にコピーします。次の図に示すように、Excel は自動的に参照アドレスを変更してくれます。これが相対参照を利用するときの利点です。

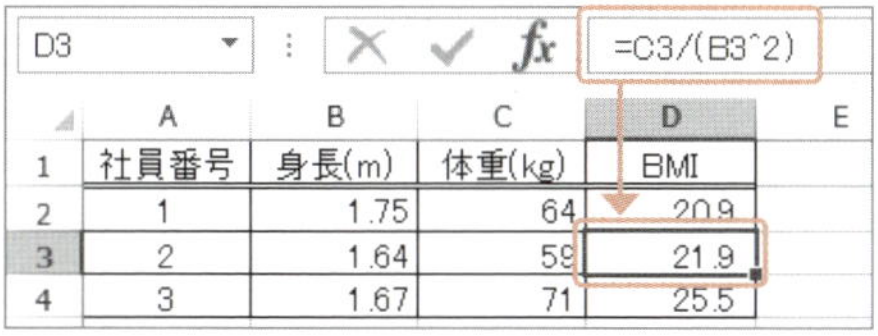

D3 =C3/(B3^2)

	A	B	C	D	E
1	社員番号	身長(m)	体重(kg)	BMI	
2	1	1.75	64	20.9	
3	2	1.64	59	21.9	
4	3	1.67	71	25.5	

絶対参照

あるセルに書かれた計算式を他のセルにコピーするとき、計算式の番地を更新しない参照法が**絶対参照**です。参照するセルの番地に $ を付けます。

例 2 資産管理会社が掌握している顧客 3 人 A、B、C の円資産を米ドルに換算しましょう。
最初に次のように、顧客 A のドル資産の換算式を入力します。ドル / 円レートのセルのアドレスが $B$1 と絶対参照になっていることに留意してください。

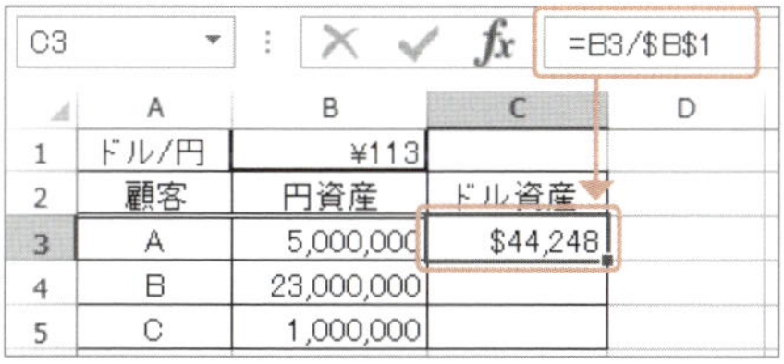

C3 =B3/$B$1

	A	B	C	D
1	ドル/円	¥113		
2	顧客	円資産	ドル資産	
3	A	5,000,000	$44,248	
4	B	23,000,000		
5	C	1,000,000		

次に、セル C3 を C4:C5 にコピーします。下図に示すように、ドル / 円レートのセルアドレスは固定されています。

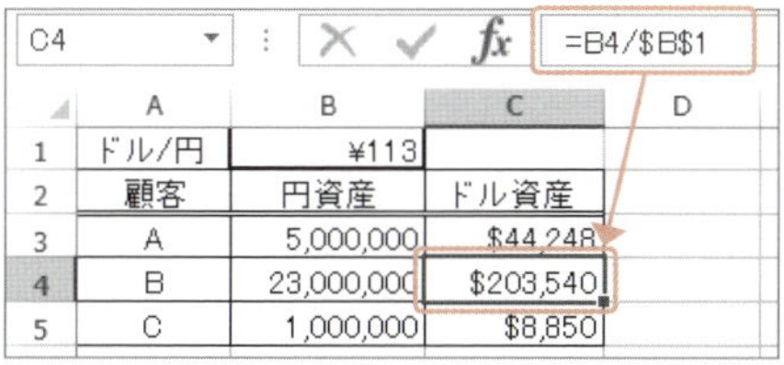

C4 =B4/$B$1

	A	B	C	D
1	ドル/円	¥113		
2	顧客	円資産	ドル資産	
3	A	5,000,000	$44,248	
4	B	23,000,000	$203,540	
5	C	1,000,000	$8,850	

このように、定数など、各セルの数式に共通の値の収められたセルは絶対参照しておくことが肝要です。

複合参照

式の表現に相対参照と絶対参照とをミックスした参照法が**複合参照**です。参照するセルの行または列の番地の一方に＄を付けます。この参照法を利用して「九九の計算表」を作成してみましょう。

例3 表の上端（すなわち表頭）と表の左端（すなわち表側）の数字から、その積を求め、「九九の表」を完成しましょう。

最初に、下図のように1×1を作成します。

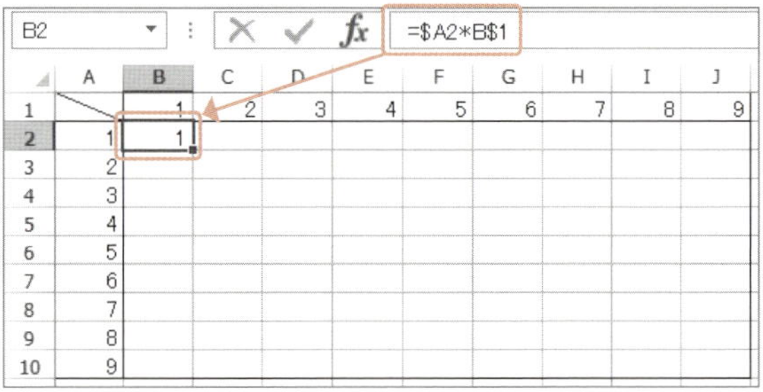

B2　=$A2*B$1

	A	B	C	D	E	F	G	H	I	J
1		1	2	3	4	5	6	7	8	9
2	1	1								
3	2									
4	3									
5	4									
6	5									
7	6									
8	7									
9	8									
10	9									

次に、このセルの関数を下図のように表一杯にコピーします。

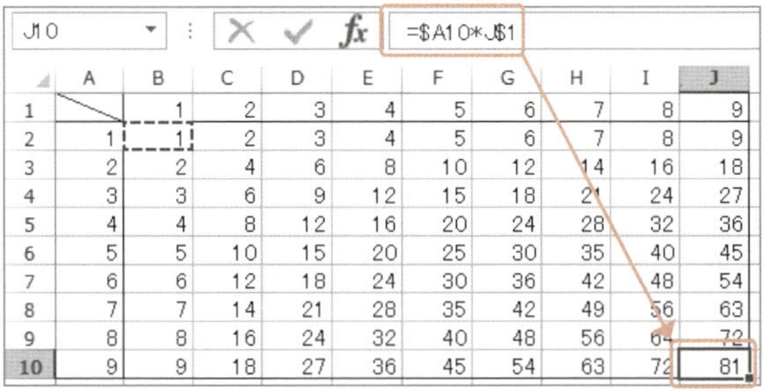

J10　=$A10*J$1

	A	B	C	D	E	F	G	H	I	J
1		1	2	3	4	5	6	7	8	9
2	1	1	2	3	4	5	6	7	8	9
3	2	2	4	6	8	10	12	14	16	18
4	3	3	6	9	12	15	18	21	24	27
5	4	4	8	12	16	20	24	28	32	36
6	5	5	10	15	20	25	30	35	40	45
7	6	6	12	18	24	30	36	42	48	54
8	7	7	14	21	28	35	42	49	56	63
9	8	8	16	24	32	40	48	56	64	72
10	9	9	18	27	36	45	54	63	72	81

＄を付けていない行または列の番地が更新され、＄を付けている行または列の番地は更新されないことに留意してください。

3 Excelソルバーの使い方

次節に後述するように、データ分析のために作成された数学モデルに含まれるパラメーターを決めるのに大変便利なツールがExcelに備えられている**ソルバー**です。このソルバーの使い方を簡単な例で確認しましょう。

注 ソルバーはExcelのアドインであり、初期状態ではインストールされていない場合があります。その際には、巻末の付録C（→201ページ）を参照してください。

ソルバーを使ってみよう

例題を用いて、Excelソルバーの利用法を調べます。

例題 1 関数 $y = 3x^2 + 1$ の最小値とそれを実現する x をExcelのソルバーで求めましょう。

注 このワークシートは、ダウンロードサイト（→8ページ）に掲載されたファイル「2.xlsx」の中の「3_例題」タブにあります。

解 周知のように、解答は「$x = 0$ のとき、y の最小値は1」です。それがソルバーを用いて得られることを確認します。それには、次のステップを追いましょう。

❶ x が与えられたときの関数 y の式を入力します。そして、x に適当な初期値を設定しておきます（ここでは5を入れましたが、それに意味があるわけではありません）。

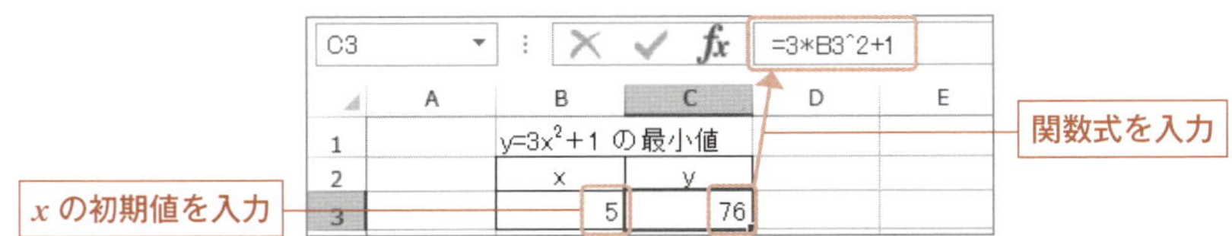

❷ ソルバーを起動します。それには「データ」リボンにある「ソルバー」の項目を選択します。

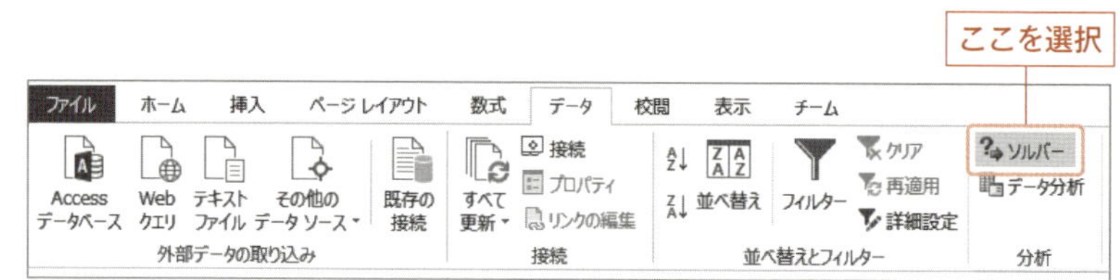

注 ソルバーがインストールされていないと、このメニューはありません（→付録C）。

ここで、次のように設定します。

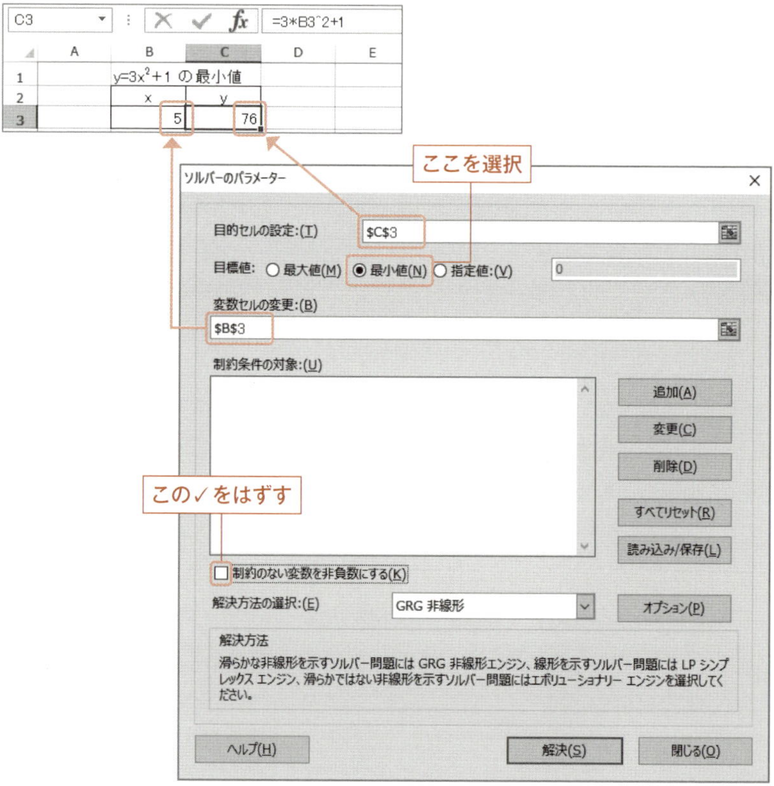

C3　=3*B3^2+1

	A	B	C	D	E
1		y=3x²+1 の最小値			
2		x	y		
3		5	76		

ここを選択

ソルバーのパラメーター

目的セルの設定:(T)　$C$3

目標値:　○ 最大値(M)　◉ 最小値(N)　○ 指定値:(V)　0

変数セルの変更:(B)　$B$3

制約条件の対象:(U)

追加(A)　変更(C)　削除(D)　すべてリセット(R)　読み込み/保存(L)

この✓をはずす

☐ 制約のない変数を非負数にする(K)

解決方法の選択:(E)　GRG 非線形　オプション(P)

解決方法

滑らかな非線形を示すソルバー問題には GRG 非線形エンジン、線形を示すソルバー問題には LP シンプレックス エンジン、滑らかではない非線形を示すソルバー問題にはエボリューショナリー エンジンを選択してください。

ヘルプ(H)　解決(S)　閉じる(O)

❸ ソルバーの「解決」ボタンをクリックし、実行します。ソルバーが最小値を探せば、次のメッセージが現れます。

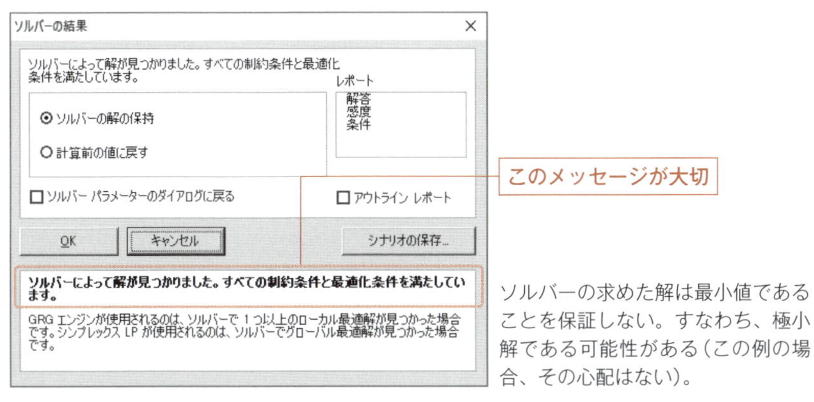

ソルバーの求めた解は最小値であることを保証しない。すなわち、極小解である可能性がある（この例の場合、その心配はない）。

「OK」ボタンをクリックすれば完了です。

	A	B	C	D
1		y=3x^2+1 の最小値		
2		x	y	
3		0	1	
4				

ソルバーの計算結果

こうして、先にも述べた「$x=0$ のとき、y の最小値は 1」が得られました。

Memo　ソルバーの求める「最小値」は極小解

関数 $y=f(x)$ のグラフが右の図のようだとします。このとき、x の初期値として図に示した点 A の x 座標を与えると、ソルバーは極小値（右図）を求めてしまいます。ソルバーは少しずつ変数を移動しながら小さい値を探していくからです。このような解を**極小解**といいます。

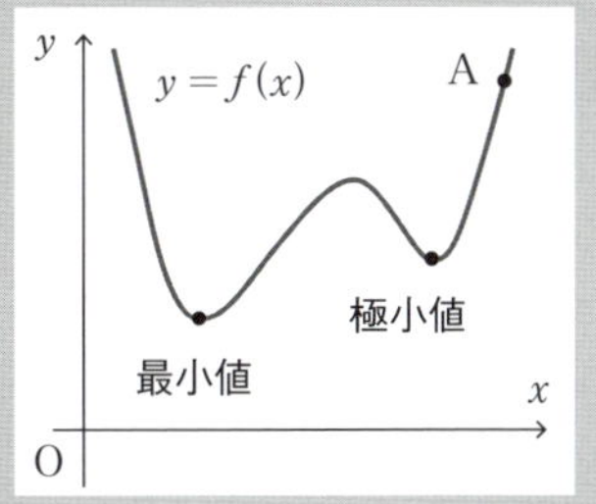

ソルバーを利用するときに、この極小解の存在には十分注意が必要です。回避するには初期値を色々変えたり、関数のグラフイメージをある程度予測したり、という面倒な操作が必要になります。

4 回帰分析と最適化問題

データ分析を理解するには「回帰分析」が最適です。すべてのモデルの原点がここにあるからです。データ分析の定石を調べながら、Excelのソルバーの使い方の復習もしましょう。

データを収める変数とモデルを定めるパラメーター

データを分析するには、数学的なモデルを作成します。このモデルはデータを収めるための変数と構造を決めるための**パラメーター**がセットになっています。このパラメーターを決めるのが**最適化**と呼ばれる数学的技法です。

本書で扱うニューラルネットワークの決定は、数学的にいえば、最適化問題の一つです。ニューラルネットワークを規定するパラメーター（すなわち重みや閾値など）を、実際のデータに合致するようにフィットさせる問題なのです。

この最適化問題を理解するのに最もわかりやすい例題が**回帰分析**です。簡単な回帰分析を利用して、この最適化問題のしくみを調べましょう。これを理解すれば、ニューラルネットワークや畳み込みニューラルネットワークを決定する方法がすぐに理解できるようになります。

回帰分析とは

複数の変数からなる資料において、特定の1変数に着目し、それを他の変数で説明する手法を**回帰分析**といいます。回帰分析にはいろいろな種類がありますが、考え方を知るために最も簡単な「線形の単回帰分析」と呼ばれる分析法を調べることにします。

「線形の単回帰分析」とは2つの変数からなる資料を対象にします。いま、次のように2変数x、yの資料とその相関図が与えられているとします。

（回帰分析というデータ分析モデルにおいて、この2変数x、yが、先に示した「データを収めるための変数」の役割を担います。）

個体名	x	y
1	x_1	y_1
2	x_2	y_2
3	x_3	y_3
…	…	…
n	x_n	y_n

資料

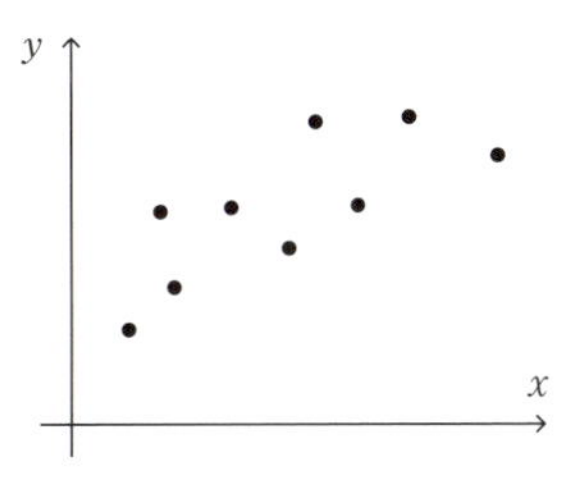

左の資料の相関図

「線形の単回帰分析」は、上に示した相関図上の点列を直線で代表させ、その直線の式で2変数の関係を調べる分析術です。点列を代表するこの直線を**回帰直線**と呼びます。

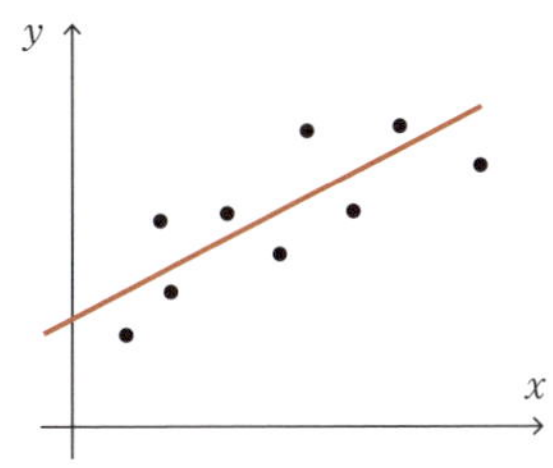

回帰直線。この直線の式から、2変数の関係を調べる分析術が線形の単回帰分析。

回帰直線は次のように1次式で表現されます。

$y = px + q$　（p、qは定数）… (1)

これを**回帰方程式**と呼びます。

x、yはデータの実際の値を入れるための変数で、右辺のxを**説明変数**、左辺のyを**目的変数**といいます。定数p、qはこの回帰分析モデルを定めるパラメーターで、与えられたデータに適合するように決定されます。

注 pを**回帰係数**、qを**切片**と呼びます。

具体例で回帰分析の論理を理解

次の具体例を通して、回帰方程式 (1) をどのように決定するか見てみましょう。その決定法は後に調べるニューラルネットワークや畳み込みニューラルネットワークの決定法と同一です。

例題 1 次の資料は高校3年生の女子生徒7人の身長と体重の資料です。この資料から、体重yを目的変数、身長xを説明変数とする回帰方程式 $y = px+q$ (p、qは定数) を求めましょう。

番号	身長 x	体重 y
1	153.3	45.5
2	164.9	56.0
3	168.1	55.0
4	151.5	52.8
5	157.8	55.6
6	156.7	50.8
7	161.1	56.4

生徒7人の身長と体重の資料

注 このワークシートは、ダウンロードサイト (→8ページ) に掲載されたファイル「2.xlsx」の中の「4_例題1」タブにあります。

解 求める回帰方程式を次のように置きます。

$y = px+q$ (p、q は定数) … (2)

k 番の生徒の身長を x_k、体重を y_k と表記しましょう。すると、この生徒の回帰分析が予測する体重 (**予測値**といいます) は次のように求められます。

予測値：px_k+q

この予測値を表に示しましょう。

番号	身長	体重	予測値 $px+q$
1	153.3	45.5	$153.3\,p+q$
2	164.9	56.0	$164.9\,p+q$
3	168.1	55.0	$168.1\,p+q$
4	151.5	52.8	$151.5\,p+q$
5	157.8	55.6	$157.8\,p+q$
6	156.7	50.8	$156.7\,p+q$
7	161.1	56.4	$161.1\,p+q$

体重yの実測値と予測値。
数学的な最適化を考える際、実測値と予測値の違いを理解しておくことは大切。

実際の体重 y_k と予測値との誤差 e_k は次のように算出されます。

$$e_k = y_k - (px_k + q) \quad \cdots (3)$$

注 eはerrorの頭文字。

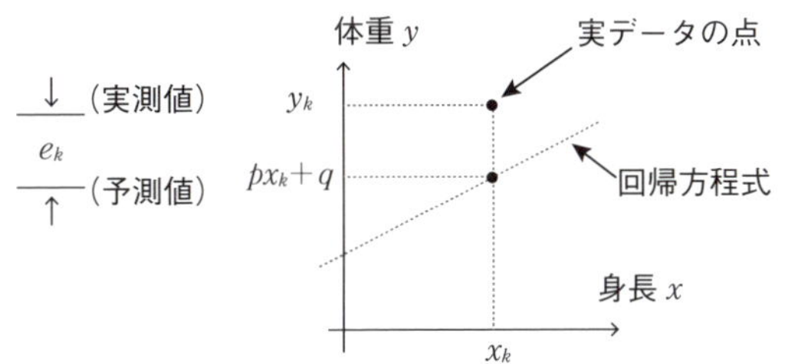

(3)の関係を図示
k番の生徒のx_k、y_k、e_kの関係図。

この e_k の値は正にも負にもなり、データ全体で加え合わせると打ち消し合ってしまいます。そこで、次の値 Q_k を考えます。これを資料 k 番目の**平方誤差**と呼びます。

$$Q_k = (e_k)^2 = \{y_k - (px_k + q)\}^2 \quad \cdots (4)$$

注 文献によって式(4)右辺には様々な定数係数が付きます。しかし、分析結果は同一です。

この平方誤差をデータ全体で加え合わせてみましょう。それはデータ全体の「誤差の総和」です。それを Q_T とすると、次のように式で表せます。

$$Q_T = Q_1 + Q_2 + \cdots + Q_7 \quad \cdots (5)$$

左の表の値を式(4)に代入すると、誤差の総和 Q_T は p、q の式で次のように表せます。

$$Q_T = \{45.5 - (153.3p + q)\}^2 + \{56.0 - (164.9p + q)\}^2 + \cdots + \{56.4 - (161.1p + q)\}^2 \quad \cdots (6)$$

この誤差の総和(5)（すなわち(6)）を**目的関数**といいます。最小化の目的となる関数だからです。注意すべきことは、この関数がパラメーター p、q の関数になっていることです。データ x、y に対して p、q は定数でしたが、最適化の際には変数になるのです。

さて、目標はこのパラメーター p、q の決定です。回帰分析では

「目的関数(5)（すなわち(6)）が最小になる p、q が解となる」

と考えます。これは常識にも合致します。目的関数は誤差の総和であり、そ

れが最小であることは良いモデルであると考えられるからです。平方誤差を最小にするこの最適化の方法を**最小 2 乗法**といいます。

この考え方が与えられれば、後は簡単です。ソルバーで目的関数 (6) が最小になるパラメーター p、q を探せばよいからです。以下に、ステップを追って p、q を求めてみましょう。

❶ 仮のパラメーター p、q を入力し、その値から回帰方程式 (2) を用いて体重 y の予測値を計算します。

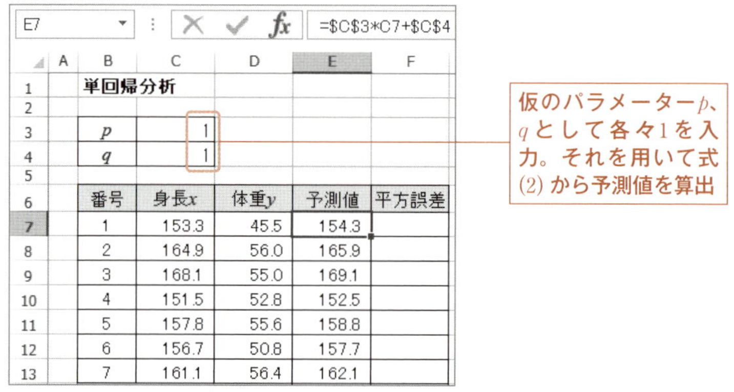
E7
=$C$3*C7+$C$4
仮のパラメーター p、q として各々1を入力。それを用いて式(2) から予測値を算出

	A	B	C	D	E	F
1		単回帰分析				
2						
3		p	1			
4		q	1			
5						
6		番号	身長x	体重y	予測値	平方誤差
7		1	153.3	45.5	154.3	
8		2	164.9	56.0	165.9	
9		3	168.1	55.0	169.1	
10		4	151.5	52.8	152.5	
11		5	157.8	55.6	158.8	
12		6	156.7	50.8	157.7	
13		7	161.1	56.4	162.1	

❷ 式 (4) から、各女子生徒について平方誤差を算出します。

F7 =(D7-E7)^2

	A	B	C	D	E	F
1		単回帰分析				
2						
3		p	1			
4		q	1			
5						
6		番号	身長x	体重y	予測値	平方誤差
7		1	153.3	45.5	154.3	11837.4
8		2	164.9	56.0	165.9	12078.0
9		3	168.1	55.0	169.1	13018.8
10		4	151.5	52.8	152.5	9940.1
11		5	157.8	55.6	158.8	10650.2
12		6	156.7	50.8	157.7	11427.6
13		7	161.1	56.4	162.1	11172.5

式 (4) から平方誤差を算出

❸ 平方誤差の総和 Q_T を SUM 関数で算出します（→式 (5)(6)）。

F14　=SUM(F7:F13)

	A	B	C	D	E	F
1		単回帰分析				
2						
3		*p*	1			
4		*q*	1			
5						
6		番号	身長*x*	体重*y*	予測値	平方誤差
7		1	153.3	45.5	154.3	11837.4
8		2	164.9	56.0	165.9	12078.0
9		3	168.1	55.0	169.1	13018.8
10		4	151.5	52.8	152.5	9940.1
11		5	157.8	55.6	158.8	10650.2
12		6	156.7	50.8	157.7	11427.6
13		7	161.1	56.4	162.1	11172.5
14					計Q_T	80124.7

平方誤差の総和

❹ ソルバーを起動し、Q_T の入ったセルを「目的セル」に、仮の値の入った p、q のセルを「変数セル」に下図のように設定します。

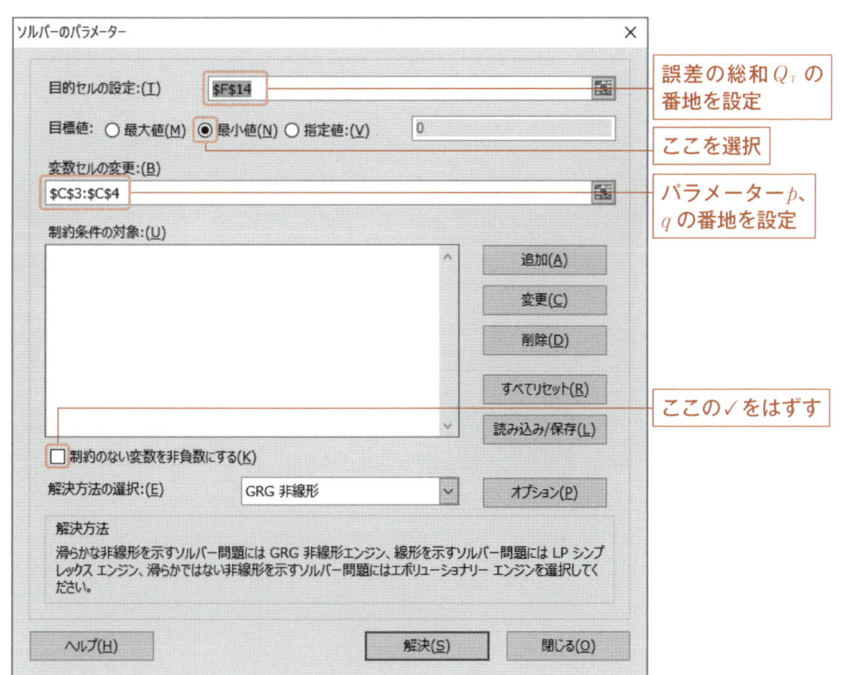

❺ ソルバーを実行すると、下図のようにパラメーターp、qの値と平方誤差の総和Q_Tの値が得られます。

F14　=SUM(F7:F13)

	A	B	C	D	E	F
1		**単回帰分析**				
2						
3		p	0.41			
4		q	-11.97			
5						
6		番号	身長x	体重y	予測値	平方誤差
7		1	153.3	45.5	50.8	28.1
8		2	164.9	56.0	55.6	0.2
9		3	168.1	55.0	56.9	3.5
10		4	151.5	52.8	50.1	7.5
11		5	157.8	55.6	52.6	8.8
12		6	156.7	50.8	52.2	1.9
13		7	161.1	56.4	54.0	5.8
14					計	55.7

最適化されたパラメーターp、qの値

最適化されたQ_Tの値

こうして、回帰係数と切片p、qの値が得られました。

$p = 0.41$、$q = -11.97$ … (7)

また、回帰方程式は次のように表せます。

$y = 0.41x - 11.97$ … (8)

以上が〔例題〕の解答です。これを利用して、このデータの散布図と回帰直線の関係を図示しましょう。重なっていることが確かめられます。

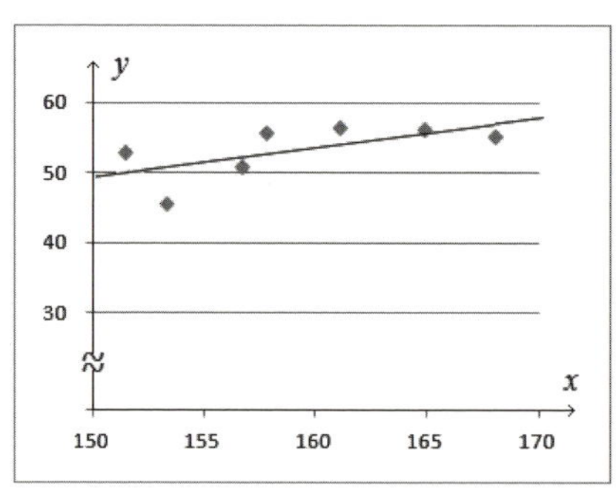

例題の解となる回帰直線。

注意すべきことは、平方誤差の総和Q_Tが0にはならないことです。それは回帰直線が散布図にプロットされたすべての点を通らないことから明らかです。

データとそれを説明するための回帰方程式とのせめぎ合いの中で、ぎりぎりの妥協値を(7)の p、q は表しているのです。

この回帰方程式を利用してみましょう。

例1 〔例題1〕で得られた回帰方程式を利用して、身長170cmの女子生徒の体重を予測してみましょう。

方程式(8)から、この女子生徒の体重は次のように予測されます。

予測体重 $y = 0.41 \times 170 - 11.96 = 57.73$kg（**答**）

回帰分析がわかればデータ分析がわかる

以上が線形の単回帰分析で用いられる回帰方程式の決定法と応用例です。大切なことは、これが数学のデータ分析の典型例であり、「最適化問題」の解法のアイデアそのものである、ということです。ここで調べた最適化の方法は後のニューラルネットワークの計算に活かされます。

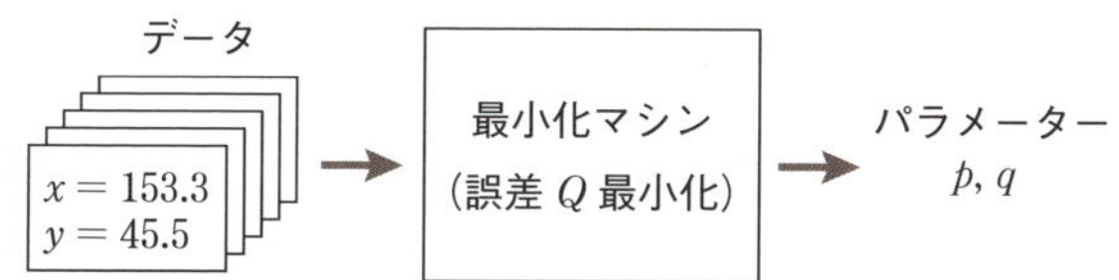

回帰分析は数学のデータ分析の典型例。分析モデルのパラメーター p、q がどのように決定されるかを確認しよう。

モデルのパラメーターの個数

再度、先の〔例題1〕を見てみましょう。モデルを規定するパラメーターの個数は p、q の2個です。そして、与えられた条件（データの大きさ）は7個でした。モデルのパラメーターの個数（いまは p、q の2個）が条件の個数（いまはデータの大きさ7個）より小さいのです。換言すれば、たくさんの条件を突きつけられ、妥協の産物として得られたのが回帰方程式なのです。その妥協とは、理想的には0となるべき目的関数(5)の値を最小にすることだけにとどめていることです。したがって、モデルとデータとの誤差Q_Tが0にならなくても心配する必要はありません。しかし、0に近いほど、データにフィットしたモデルといえます。

ちなみに、モデルのパラメーターの個数がデータの大きさより大きいと、どうなるでしょう。当然ですが、このときパラメーターは確定しません。したがって、モデルを確定するには、パラメーターの個数よりも大きなデータを用意しなければなりません。このことは後に調べるニューラルネットワークの世界では深刻です。ニューラルネットワークでは、パラメーターの個数が膨大になるからです。

別の例題で確認

次の〔例題2〕は**補外法**（または**外挿法**）と呼ばれる数値解析で有名な技法を紹介しています。回帰分析と同じアイデアが用いられるので、いま調べた理論のよい復習になるでしょう。

例題2 変数xとyの値が右の表のように与えられています。yをxの1次式$ax+b$（a、bは定数）で予測し、xが5のときのyの値を推定しましょう。なお、ここで最適化には最小2乗法を用いることにします。

x	y
1	13.3
2	15.8
3	19.4
4	22.3

注 推定したいxの値が1と4の間にあるときは補間法といいます。このワークシートは、ダウンロードサイト（→8ページ）に掲載されたファイル「2.xlsx」の中の「4_例題2」タブにあります。

解　データを入力します。また、定数a、bの値を適当に仮定します。

	A	B	C	D	E	F	G	H
1		補外法						
2		a	1		x	y	ax+b	Q
3		b	1		1	13.3		
4					2	15.8		
5					3	19.4		
6					4	22.3		

定数a、bに適当な値を代入

以上の準備の下に、次のステップを追いましょう。

注 以下の①～⑤は先の〔例題1〕の①～⑤のステップに準じています。

❶ 予測値 $ax+b$ の値を求めます。

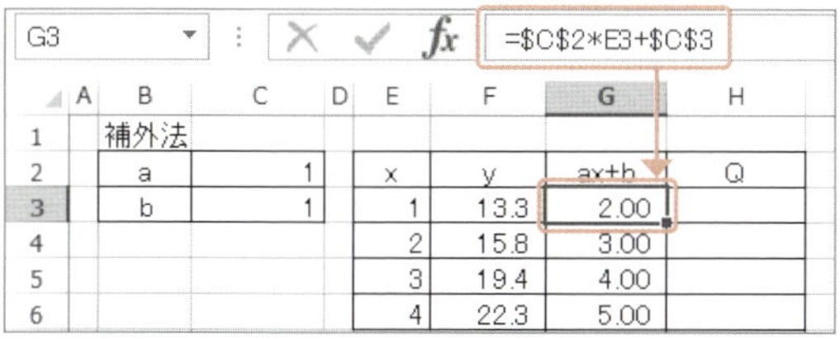

G3 =$C$2*E3+$C$3

	A	B	C	D	E	F	G	H
1		補外法						
2		a	1		x	y	ax+b	Q
3		b	1		1	13.3	2.00	
4					2	15.8	3.00	
5					3	19.4	4.00	
6					4	22.3	5.00	

絶対参照、相対参照の使い分けに注意。

❷ 実測値 y と予測値 $ax+b$ の誤差として、平方誤差 Q を求めます。

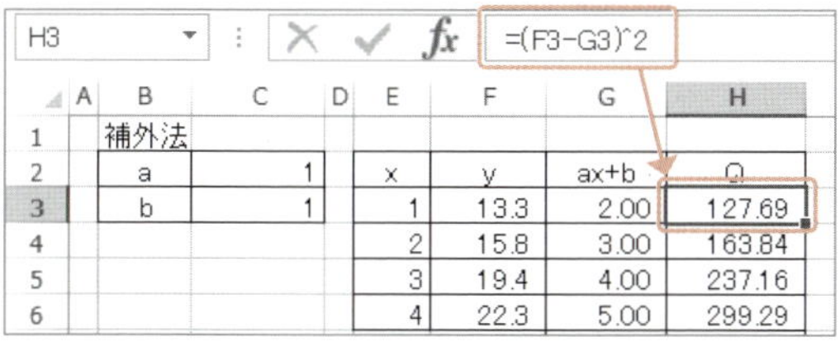

H3 =(F3-G3)^2

	A	B	C	D	E	F	G	H
1		補外法						
2		a	1		x	y	ax+b	Q
3		b	1		1	13.3	2.00	127.69
4					2	15.8	3.00	163.84
5					3	19.4	4.00	237.16
6					4	22.3	5.00	299.29

y と $ax+b$ との差を平方。

❸ 平方誤差 Q の総和 Q_T を算出します。

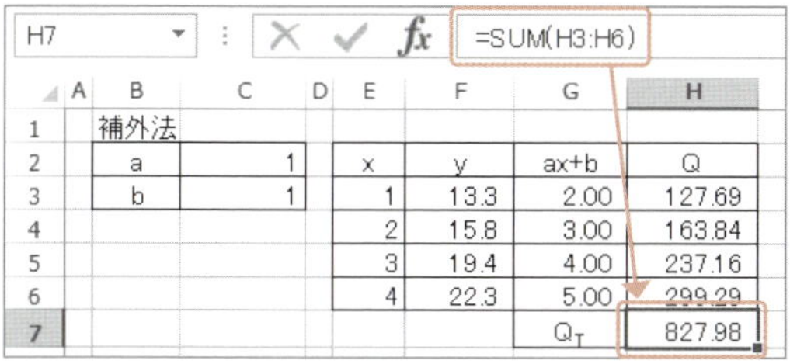

H7 =SUM(H3:H6)

	A	B	C	D	E	F	G	H
1		補外法						
2		a	1		x	y	ax+b	Q
3		b	1		1	13.3	2.00	127.69
4					2	15.8	3.00	163.84
5					3	19.4	4.00	237.16
6					4	22.3	5.00	299.29
7							Q_T	827.98

誤差の総和の算出にはSUM関数が便利。

❹ ソルバーで平方誤差の総和 Q_T の最小値を求めます。

先の回帰分析と同様にソルバーを設定します。目的セルを総和 Q_T の関数の収められたH7に、変数セルを a、b の（仮の）値の収められたC2:C3にセットします（次ページ上の図）。

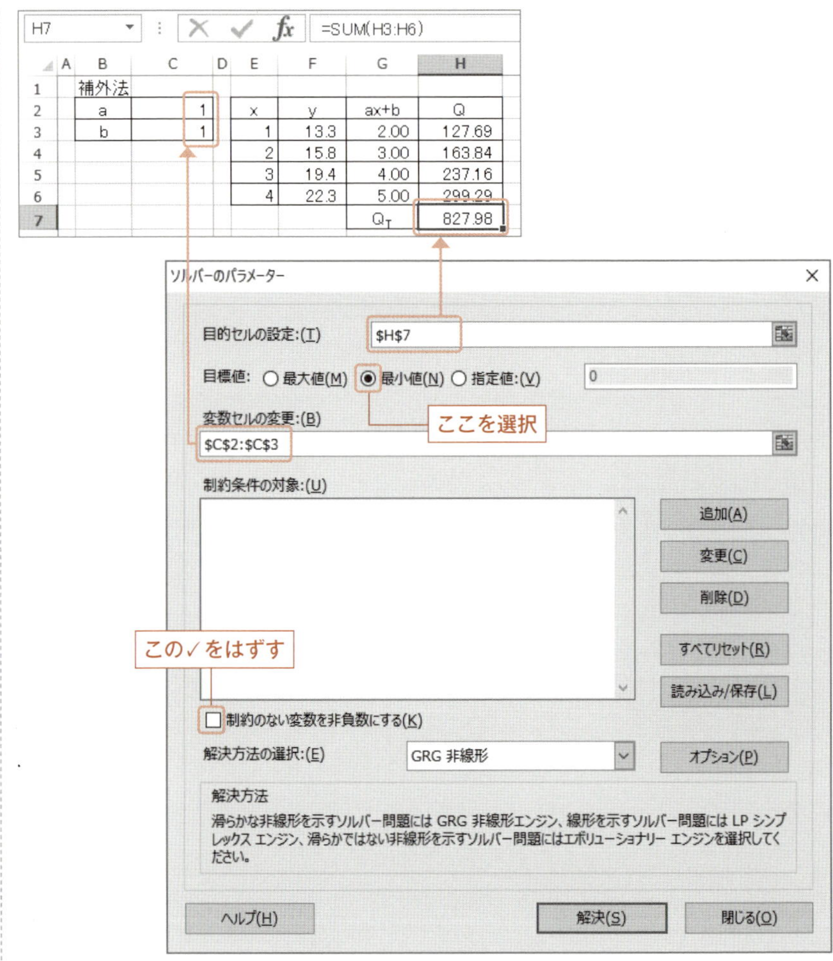

❺ ソルバーを実行し、定数 a、b を求めます。
ソルバーの算出した結果を見てみましょう。

	A	B	C	D	E	F	G	H
1		補外法						
2		a	3.06		x	y	ax+b	Q
3		b	10.05		1	13.3	13.11	0.04
4					2	15.8	16.17	0.14
5					3	19.4	19.23	0.03
6					4	22.3	22.29	0.00
7							Q_T	0.20

ソルバーの算出値

ワークシートから、次の解が得られました。

$a = 3.06$、$b = 10.05$

これから、推定式が得られます。

$y = 3.06x + 10.05$ … (9)

❻ xが5のときのyの値を推定します。

上の式 (9) に$x = 5$を代入して、

$y = 3.06 \times 5 + 10.05 = 25.35$ (**答**)

以上が、〔例題2〕の答です。式 (9) のように推定式$ax+b$をyと置くと、それは直線を表します。この式 (1) のグラフとデータの散布図の関係を図に示しましょう。

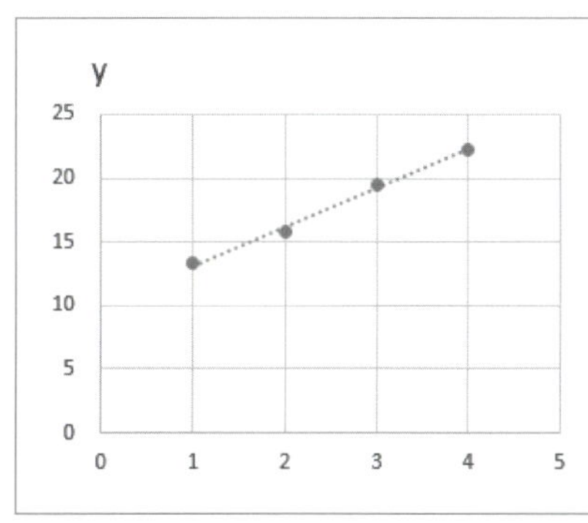

推定式(9)を点線で表示。データの散布図とよく重なっている。

Memo 定数と変数

回帰方程式 (1) では、x、yを順に説明変数、目的変数と呼び、p、qは定数といいました。ところで、目的関数 (5)（すなわち (6)）においてはp、qは変数として扱っています。そうであるからこそ、式 (6) の最小値が考えられるわけです。

このように、立場によって、定数、変数は変幻自在です。データから見ると回帰方程式のx、yが変数であり、目的関数からみるとp、qが変数なのです。

参考 Excelの回帰分析

Excelで回帰分析を実際に行う際は、ここで調べた方法はお勧めできません。Excelにはいくつかの回帰分析専用ツールが備えられているからです。例えば、先の〔例題1〕では、次の図のように関数から簡単にパラメーターの値が得られます。

注 このワークシートは、ダウンロードサイト（→8ページ）に掲載されたファイル「3.xlsx」の中の「4_memo」タブにあります。

C3　=SLOPE(D7:D13,C7:C13)

単回帰分析

p	0.41
q	-12.06

番号	身長x	体重y
1	153.3	45.5
2	164.9	56.0
3	168.1	55.0
4	151.5	52.8
5	157.8	55.6
6	156.7	50.8
7	161.1	56.4

Excelには回帰分析専用の関数がいくつか用意されている。例えば、回帰係数はSLOPE、切片はINTERCEPTという関数が利用できる。

また、回帰分析のための専用ツールも用意されています。「データ」タブにある「データ分析」メニューをクリックし、そこで開かれる下記のボックスから、この機能が利用できます。

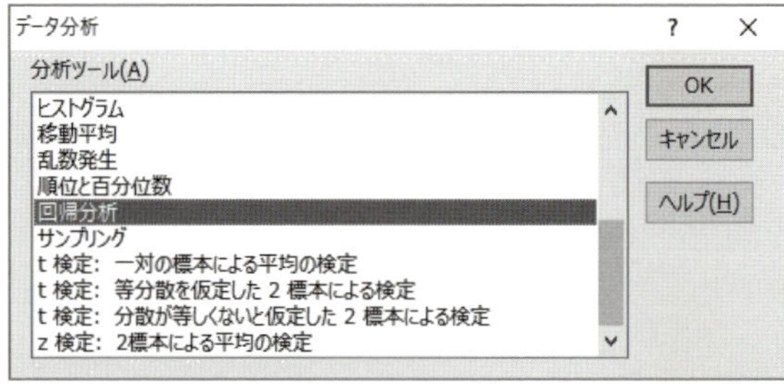

3章

ニューロンモデル

ディープラーニングの基本単位となる人工ニューロン（本書ではニューロンと略します）について調べましょう。動物の神経細胞を数学的に模した単純なニューロンですが、ニューラルネットワークの最も基本となる部分です。

神経細胞の働き

ニューラルネットワークは神経細胞をモデル化した人工ニューロンが出発点です。ここでは、人工ニューロンを考えるための出発点として、動物の神経細胞の基本的な働きを調べましょう。

生物のニューロンの構造

動物の脳の中には多数の神経細胞（すなわち**ニューロン**）が存在し、互いに結びついてネットワークを形作っています。すなわち、一つのニューロンは他のニューロンから信号を受け取り、また他のニューロンへ信号を送り出しています。脳はこのネットワーク上の信号の流れによって、さまざまな情報を処理しているのです。

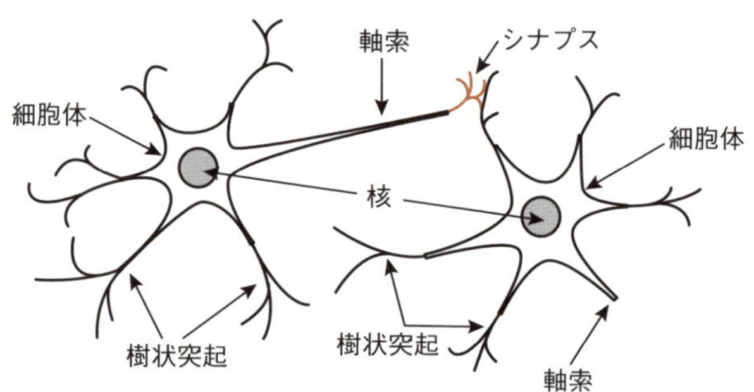

ニューロン（神経細胞）の模式図
神経細胞は、主なものとして細胞体、軸索、樹状突起からなる。樹状突起は他のニューロンから情報を受け取る突起であり、軸索は他のニューロンに情報を送り出す突起である。樹状突起が受け取った電気信号は細胞体で処理され、出力装置である軸索を通って、次の神経細胞に伝達される。ちなみに、ニューロンはシナプスを介して結合し、ネットワークを形作っている。

ニューロンが情報を伝えるしくみをもう少し詳しく見てみましょう。上の図に示すように、ニューロンは細胞体，樹状突起，軸索の3つの主要な部分から構成されています。他のニューロンからの信号（入力信号）は樹状突起を介して細胞体（すなわちニューロン本体）に伝わります。細胞体は受け取った信号（入力信号）の大小を判定し、今度は隣のニューロンに信号（出力信号）を伝えます。こんな単純な構造からどうやって「知能」が生まれるのか、大変不思議です。

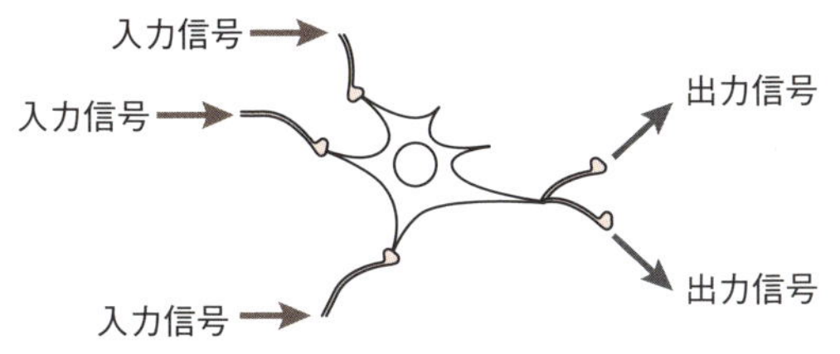

ニューロンが隣から受け取る信号を入力信号、ニューロンが隣に伝える信号を出力信号という。

ニューロンの複数入力の処理法

ニューロンは入力信号の大小を判定し、隣に出力信号を伝えるといいましたが、どのように入力信号の大小を判定し、どのように伝えるのでしょうか？

大切なことは、複数のニューロンから受け取る場合、入力信号はその渡されるニューロンごとに扱いが異なるという点です。いま、下図のようにニューロンAがニューロン1～3から信号を受け取るとしましょう。このとき、ニューロンAはニューロン1～3からの信号の和を求めるのですが、その和は重み付きの和になるのです。すなわち、各ニューロンからの信号に**重み**（weight）を付けるのです。

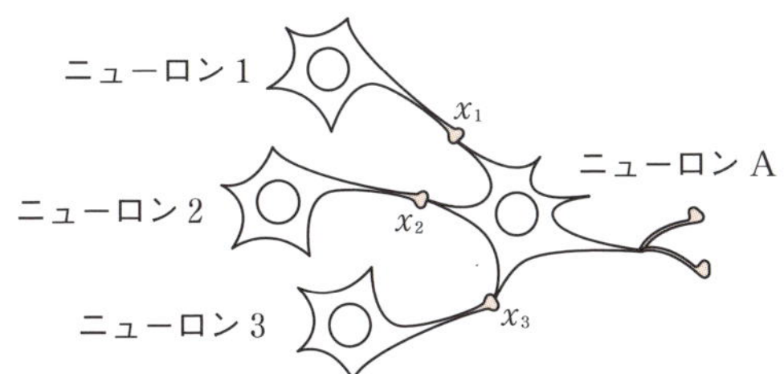

ニューロンAはニューロン1～3から受け取る信号 x_1、x_2、x_3 に重みを付けて処理する。

例えば、ニューロン1からの信号には「重み」3を、ニューロン2からの信号には「重み」1を、ニューロン3からの信号には「重み」4を付けるとします。この図のように、ニューロン1〜3からの信号を x_1、x_2、x_3 とすると、ニューロンAの受け取る信号和は、次のように重み付きの和として表せることになります。

重み付きの和 $= 3\times x_1 + 1\times x_2 + 4\times x_3$ … (1)

この重みを付けて信号を処理するというしくみこそがニューロンに知性を生じさせる源と考えられます。後にニューラルネットワークを考える際に、この重みをどのように決めるかが本質的な問題になります。

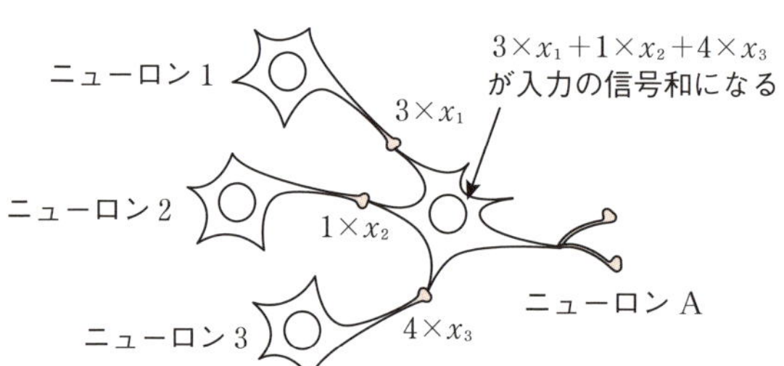

ニューロンは隣から受け取る信号を単純に加算するのではなく、重み付けをして加算する（図の重みの3、1、4は一つの例である）。

発火

重み付きの和 (1) を入力として受け取ったニューロンは、それをどのように処理するかを調べましょう。

複数のニューロンから得た入力の重み付きの和 (1) が小さく、そのニューロン固有のある境界値（これを**閾値**と呼びます）を超えなければ、そのニューロンの細胞体は受け取った信号を無視し何も反応しません。

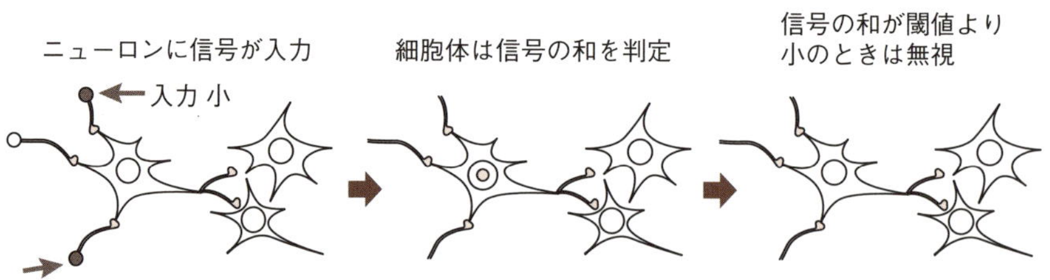

重み付きの和(1)の値が小さいとき、ニューロンはそれを無視。

「小さい信号を無視する」という性質は、生命にとって大切なことです。そうしないと、ちょっとした信号の揺らぎにニューロンは興奮することになり、神経系は「情緒不安定」になってしまいます。閾値はそのニューロンの敏感度を表す個性なのです。

複数のニューロンから得た重み付きの和 (1) が大きく、そのニューロン固有のある境界値（すなわち**閾値**）を超えたとしましょう。このとき、細胞体は強く反応し、軸索をつなげている他のニューロンに信号を伝えます。このようにニューロンが反応することを**発火**といいます。

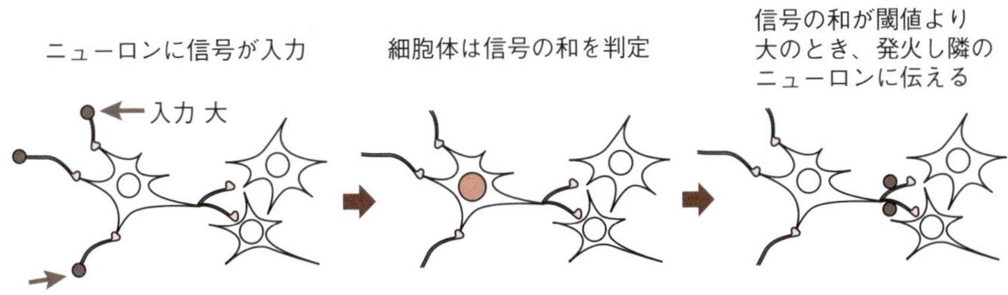
ニューロンに信号が入力
入力 大
細胞体は信号の和を判定
信号の和が閾値より
大のとき、発火し隣の
ニューロンに伝える

重み付きの和(1)の値が大きいとき、ニューロンは発火。

さて、発火したときのニューロンの出力信号はどのようなものでしょうか？面白いことに、それは一定の大きさなのです。たとえ重み付きの和 (1) の値が大きくても、出力信号の値は一定なのです。また、該当ニューロンが複数の隣のニューロンへ軸索をつなげていても、隣の各ニューロンに渡す出力信号の値は一定なのです。

さらに面白いことは、この発火によって出力された信号の値はどのニューロンも共通していることです。ニューロンの場所や役割が違っても、その値は共通しています。現代的に言うと、「発火」で生まれる出力情報は0か1で表せるデジタル信号として表現できるのです。

発火したニューロン
同じ大きさの信号

発火したニューロンは軸索でつながったすべてのニューロンに同じ大きさの信号を伝える。

§2 神経細胞の働きを数式表現

前節（§1）では、動物の神経細胞の働きを調べました。大切なことは、その働きは簡単な数式で記述できることです。神経細胞の働きを、その簡単な数式に抽象化してみましょう。

ニューロンの働きをまとめると

§1ではニューロンの発火のしくみを調べました。それを整理してみましょう。

（i） 隣の複数のニューロンからの重み付きの和の信号がニューロンの入力になる。

（ii） その和信号がニューロンの固有の値（閾値）を超えると発火する。

（iii） ニューロンの出力信号は発火の有無を表す0と1のデジタル信号で表現できる。

先にも述べたように、こんな簡単なしくみが組み合わさると「知能」が生まれるのです。

このように整理すると、ニューロンの発火のしくみを数学的に簡単に表現できることがわかります。

まず入力信号を数式で表現してみましょう。しくみ（iii）から、隣のニューロンから受け取る入力信号は「あり」「なし」の2情報で表せます。そこで、入力信号を変数xで表すとき、xは次のように表現できることになります。

$$\begin{cases} \text{入力信号なし：} x=0 \\ \text{入力信号あり：} x=1 \end{cases}$$

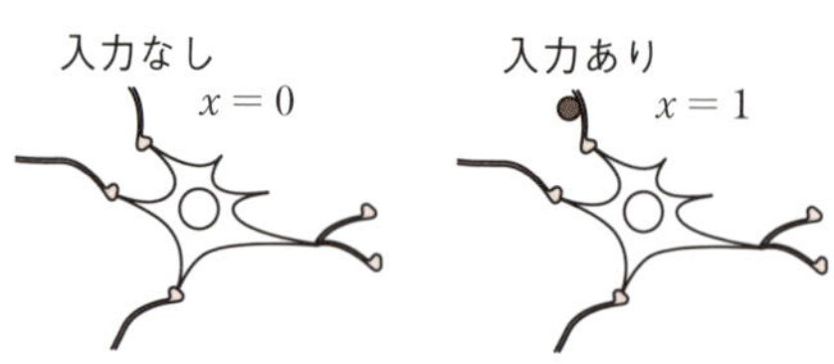

ニューロンへの入力信号は、デジタル的に$x=0$、1で表現される。

注意することは、知覚細胞から直接つながるニューロンはこの限りではないという点です。例えば動物の視覚の場合でいうと、網膜上の視細胞に直接つながるニューロンはいろいろな値の信号を受け取ります。入力信号は感知した信号の大きさに比例したアナログ信号になるからです。

知覚神経に直接つながる神経細胞（ニューロン）の受け取る信号xはアナログ的。

次に出力信号を数式で表現してみましょう。再びしくみ (iii) から、出力信号も発火の有無、すなわち、「あり」「なし」の2情報で表せます。そこで、出力信号を変数yで表すとき、yは次のように表現できます。

$$\begin{cases} \text{出力信号なし：} y = 0 \\ \text{出力信号あり：} y = 1 \end{cases}$$

出力なし（発火なし）

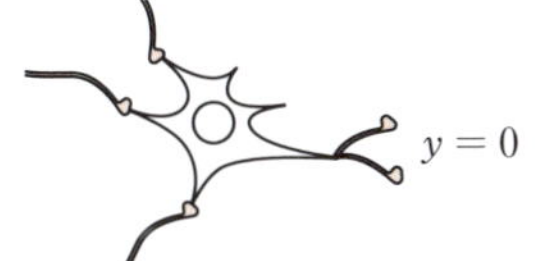

出力あり（発火あり）

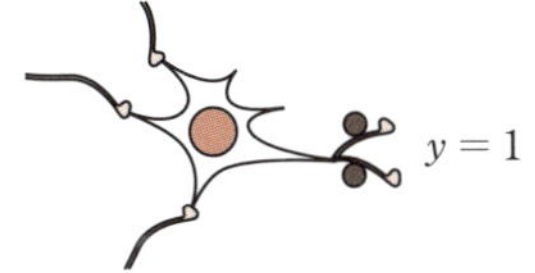

ニューロンの出力信号は、デジタル的に$y = 0$、1で表現される。
この図では出力先が2つあるが、出力信号の大きさは同じ。

ニューロンの働きを数式で表現

最後に、「発火の判定」を数式で表現してみましょう。これがニューロンの最重要任務です。

具体例として、左隣の3つのニューロンからの入力信号を受け取り、右隣の2つのニューロンに出力信号を渡すニューロンについて調べます（次図）。

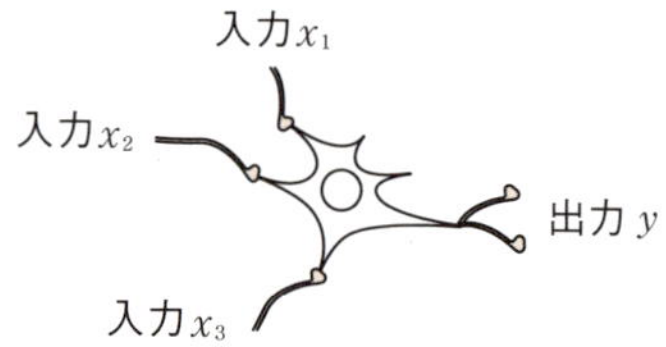

しくみ（i）（ii）から、ニューロンの発火の有無は他のニューロンからの入力信号の和で判定されます。その和の取り方は単純でないはずです。ニューロン間の結びつきには強弱があるからです。前節でも言及したように、この重みを考慮した信号和がニューロンへの入力信号になります。数学的にいうと、入力信号を各々 x_1、x_2、x_3 で表し、その各々に付く重みを順に w_1、w_2、w_3 とするとき、処理される入力信号の和は次のように表現できます。

重み付きの和 $= w_1x_1 + w_2x_2 + w_3x_3$ … (1)

注「重み」は**結合荷重**、**結合負荷**とも呼ばれます。

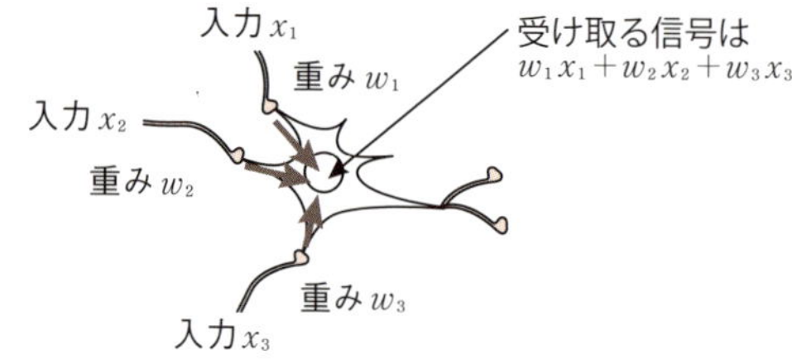

他のニューロンからの入力信号 x_1、x_2、x_3 に対して、該当ニューロンは重み w_1、w_2、w_3 をかけて入力信号としている。それが(1)。

さて、しくみ（ii）から、受け取る信号和が閾値を超えるとニューロンは発火し、越えなければ発火しません。すると、「発火の判定」は式 (1) を利用して、次のように表現できます。θ をそのニューロン固有の閾値として、

$$\left.\begin{array}{l}\text{発火なし}\ (y=0)：w_1x_1+w_2x_2+w_3x_3<\theta \\ \text{発火あり}\ (y=1)：w_1x_1+w_2x_2+w_3x_3\geqq\theta\end{array}\right\}\ \cdots (2)$$

これがニューロン発火の数学的表現です。大変シンプルにまとめられるのです。こんな簡単な条件式で、その活動が表現されるニューロンが、どうして複雑な判断ができるのかを調べるのが、本書のミッションになります。

注「閾」は英語でthreshold。そこで、この値を示すのに頭文字tに対応するギリシャ文字θがよく利用されます。

なお、式(2)の下の式の不等号には「＝」がついています。この＝が式(2)の上の式についている文献もあります。本書ではこれ以上、式(2)については深く触れないので、このことが問題になることはありません。

例1 2つの入力 x_1、x_2 を持つニューロンを考えます。入力 x_1、x_2 に対する重みを順に w_1、w_2 とし、そのニューロンの閾値を θ とします。

いま、w_1、w_2、θ の値が順に2、3、4と与えられたとき、重み付きの和

$$w_1x_1+w_2x_2$$

の値とニューロンの発火の有無、そしてニューロンの出力値を求めましょう。

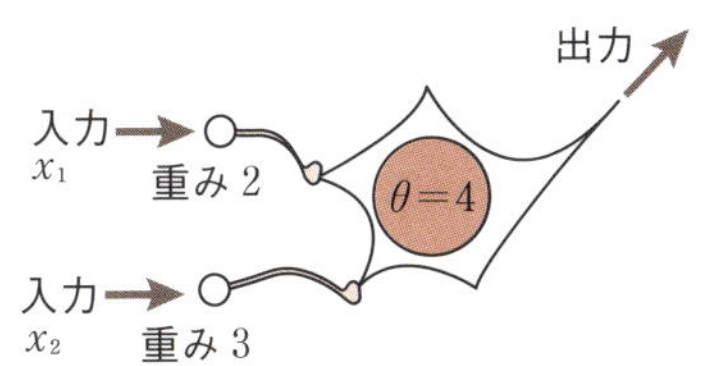

この（例1）の答を表にすると次のようになります。

入力 x_1	入力 x_2	重み付きの和 $w_1x_1+w_2x_2$	発火	出力
0	0	$2\times0+3\times0=0\ (<4)$	なし	0
0	1	$2\times0+3\times1=3\ (<4)$	なし	0
1	0	$2\times1+3\times0=2\ (<4)$	なし	0
1	1	$2\times1+3\times1=5\ (>4)$	あり	1

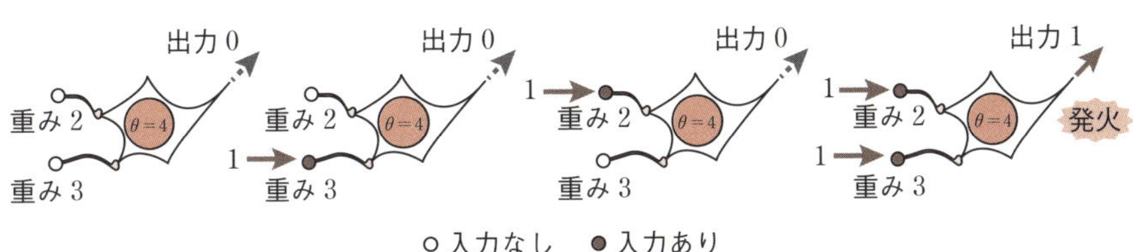

この（例1）で、出力は0と1のどちらかであることに留意してください。

Excel でニューロンの働きを再現

これからの準備として、この（例 1）を Excel で計算してみましょう。

例題 1　2つの入力 x_1、x_2 を持つニューロンを考えます。入力 x_1、x_2 に対する重みを順に w_1、w_2 とし、閾値を θ とします。2つの入力 x_1、x_2 を与えたときの出力を求めるワークシートを作成しましょう。ただし、w_1、w_2、θ は任意に与えられるようにします

注 このワークシートは、ダウンロードサイト（→8ページ）に掲載されたファイル「3.xlsx」の中の「2_例題1」タブにあります。

解　（例 1）に合わせて、下図のようにパラメーター w_1, w_2, θ を順に 2、3、4 と設定しましょう。発火の条件式 (2) から、ニューロンの出力 y（すなわち発火の有無）を簡単に求められます。次の図は入力 (x_1, x_2) が (1, 1) の場合です。

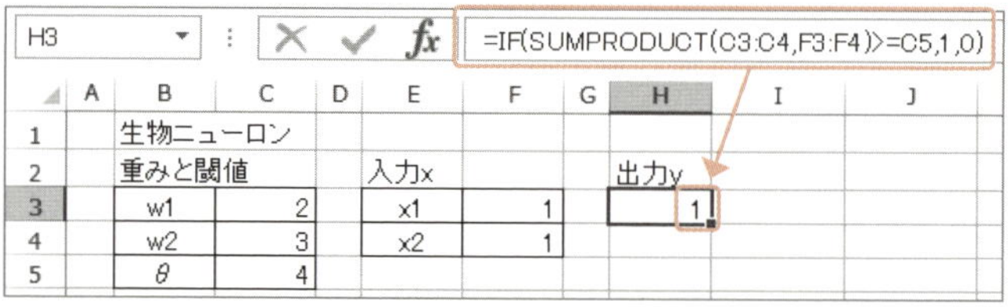

H3　=IF(SUMPRODUCT(C3:C4,F3:F4)>=C5,1,0)

	A	B	C	D	E	F	G	H	I	J
1		生物ニューロン								
2		重みと閾値			入力x			出力y		
3		w1	2		x1	1		1		
4		w2	3		x2	1				
5		θ	4							

Excel の 1 つのセル（セル番地 H3）で 1 つのニューロンが表現できることを確認しましょう。

例題で確認しよう

発火の条件式 (2) に親しむことはニューロンの理解に大切です。〔例題 1〕をアレンジした次の〔例題 2〕を解いて確認しましょう。具体例として、条件式 (2) の解説に利用したニューロンのモデルを考えます。

例題2 3つの入力 x_1、x_2、x_3 を持つニューロンを考えます。各入力に対する重みを順に w_1、w_2、w_3 とし、閾値を θ とします。3つの入力を与えたときの出力を求めるワークシートを作成しましょう。ただし、w_1、w_2、w_3、θ は任意に与えられるようにします。

注 このワークシートは、ダウンロードサイト（→8ページ）に掲載されたファイル「3.xlsx」の中の「2_例題2」タブにあります。

解 例として、パラメーターの組 (w_1, w_2, w_3, θ) を (1, 2, 3, 5) と設定しましょう。発火の条件式 (2) から、ニューロンの出力 y（すなわち発火の有無）を算出します。次の図は入力の組 (x_1, x_2, x_3) が (1, 1, 1) の場合です。

H3　=IF(SUMPRODUCT(C3:C5,F3:F5)<C6,0,1)

	A	B	C	D	E	F	G	H
1		生物ニューロン						
2		重みと閾値			入力x			出力y
3		w1	1		x1	1		1
4		w2	2		x2	1		
5		w3	3		x3	1		
6		θ	5					

パラメーターの組 (w_1, w_2, w_3, θ)、入力の組 (x_1, x_2, x_3) の値をいろいろと変えて、ニューロンに親しんでみましょう。先にも述べましたが、Excel の1つのセル（セル番地 H3）で1つのニューロンが表現できることも確認しましょう。

Memo　ニューロンの計算に役立つ SUMPRODUCT 関数

ニューロンの計算では、式 (1) の右辺の積和の形が頻出します。その計算には SUMPRODUCT 関数を利用するとよいでしょう。次のワークシートは積和 $1\times3+2\times2+3\times1$ を算出しています。

E3　=SUMPRODUCT(B3:B5,C3:C5)

	A	B	C	D	E
1		SUMPRODUCT関数			
2		x	y		積和
3		1	3		10
4		2	2		
5		3	1		

積和計算にはSUMPRODUCT関数が便利。

3 人工ニューロンと活性化関数

前の節（§2）では、動物のニューロン（神経細胞）の働きを条件式で表現しました。その条件式を関数で表現すると、ニューロンの働きがさらに整理されます。そして、シグモイドニューロンへと進化します。

ニューロンの働きをまとめると

前節（§2）ではニューロンの働きを簡単な数式に置き換えました。それを再掲しましょう。ニューロンへの入力を x_1、x_2、x_3 とし、それらに対する重みを順に w_1、w_2、w_3 とするとき、発火の条件式は次のように表せることを調べました。

$$\left.\begin{array}{l}\text{発火なし：} w_1x_1 + w_2x_2 + w_3x_3 < \theta \\ \text{発火あり：} w_1x_1 + w_2x_2 + w_3x_3 \geqq \theta\end{array}\right\} \cdots(1)$$

ここで θ はそのニューロン固有の値で閾値です。

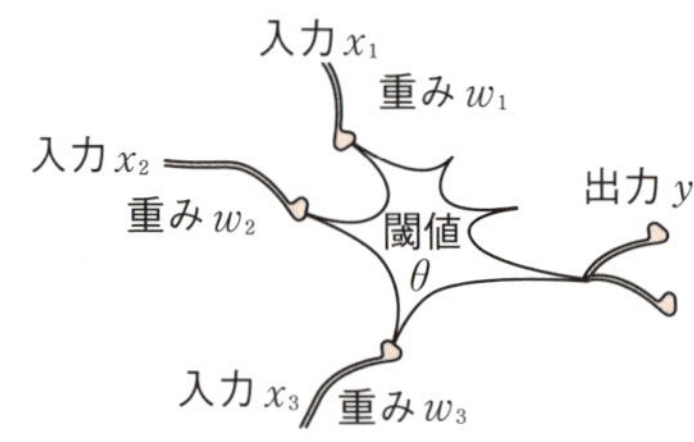

$w_1x_1 + w_2x_2 + w_3x_3$ と θ との大小で発火するか否かが決まる。

発火の条件を関数で表現

発火の条件 (1) を関数で表現してみましょう。そのために発火の条件 (1) を視覚的に表現してみます。ニューロンへの重み付きの和を横軸に、そのニューロンの出力 y を縦軸にとると、発火の条件 (1) は次のようにグラフ化できます。なお、出力 y は発火のとき 1、発火しないときは 0 となる尺度を採用しています。

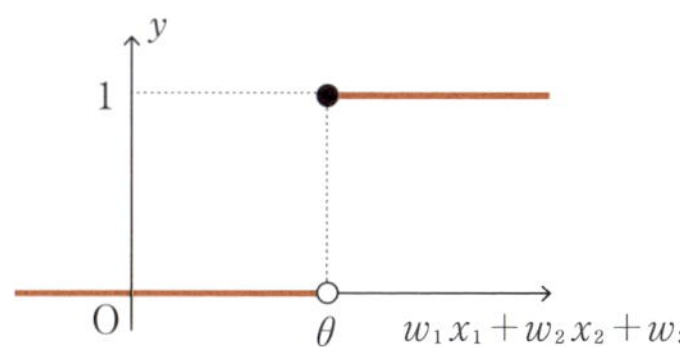

発火の条件のグラフ化。横軸は信号和 $w_1x_1+w_2x_2+w_3x_3$ を表す。

このグラフを関数として表現しましょう。このとき役立つのが次の**ステップ関数** $u(x)$ です。

$$u(x)=\begin{cases}0 & (x<0)\\ 1 & (x\geqq 0)\end{cases} \quad \cdots(2)$$

ステップ関数のグラフは次のように描けます。

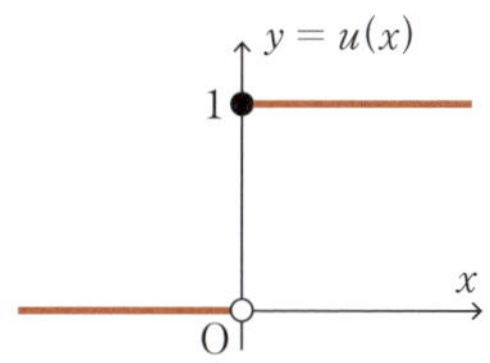

ステップ関数 $y=u(x)$

このステップ関数 $u(x)$ を利用すると、発火の条件 (1) は次のように簡単に1つの式で表現できます。今後の発展の契機となる大切な式です。

> 発火の式：$y=u(w_1x_1+w_2x_2+w_3x_3-\theta)$ … (3)

注 関数 u の引数 $w_1x_1+w_2x_2+w_3x_3-\theta$ を、次節以降では「入力の線形和」と呼び、ローマ字 a で表します。

この式 (3) が条件式 (1) と同一であることを次の表で確かめてください。

$w_1x_1+w_2x_2+w_3x_3$	$w_1x_1+w_2x_2+w_3x_3-\theta$	$u(x)$	y
θ より小	0 より小	0	0（発火なし）
θ 以上	0 以上	1	1（発火あり）

人工ニューロン

以上のように数学的に整理すると、ニューロンの働きは一つの簡単な関数式で表されることがわかります。そこで、このように単純化されたニューロンの機能をコンピューター上で実現してみたくなります。それが**人工ニューロン**です。人工ニューロンとは式(3)を用いてコンピューター上で作動する仮想的なニューロンなのです。

注 人工ニューロンは歴史的に**形式ニューロン**と呼ぶ文献もあります。なお、次節以降は人工ニューロンのことを単に「ニューロン」と略記します。

人工ニューロンを考えるとき、発火の条件式(3)を表現する関数 $u(x)$ を**活性化関数**（activation function）と呼びます。また、**伝達関数**（transfer function）とも呼ばれます。本書では、前者の「活性化関数」を用いることにします。

ニューロンの図を簡略化

これまではニューロンを下図のように表現してきました。少しでもニューロンのイメージに近づけたいためです。

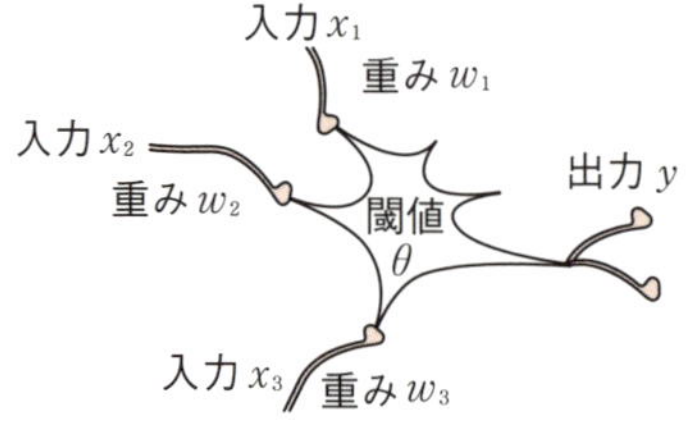

ニューロンのイメージ（入力が3つ、出力が2つの場合）。軸索から出力先が2つに分岐しているが、出力値は同一。

しかし、人工ニューロンを考え、それをネットワーク状にたくさん描きたいときには、この図は不向きです。そこで、次のように簡略化した図を用います。こうすれば、たくさんのニューロンを描くのが容易です。

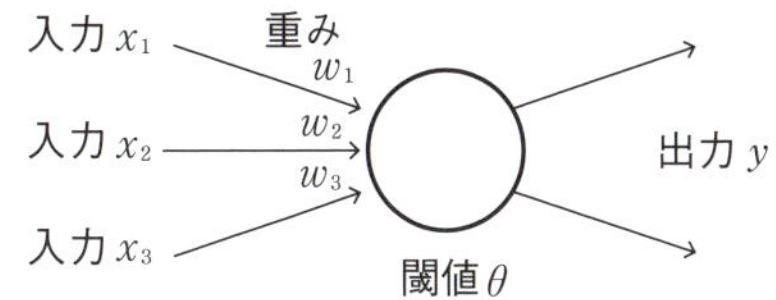

前ページのニューロンの略式図。矢の向きで入出力を区別。ニューロンへの出力として2本の矢が出ているが、その値 y は同一値。

パーセプトロン

式 (3) のように抽象化された人工知能を利用して、何らかの人工知能（AI）を実現しようとする試みが、20 世紀中頃に行われました。パーセプトロン・モデルと呼ばれる人工知能です。パーセプトロンとは式 (3) で示された人工ニューロンに学習機能を加味したものですが、結果としては大きな成功は得られませんでした。理由として、ステップ関数が扱いにくいことが主な原因です。グラフからわかるように、それは不連続関数です。不連続関数は数学の最大の武器である微分法のアイデアの恩恵を受けにくいからです。このステップ関数を微分のしやすいシグモイド関数に置き換えると、人工ニューロンモデルは飛躍的な発展を遂げることになります。それがディープラーニングの始まりです。本書はこのシグモイド関数を前提として話を進めます。

注 パーセプトロンについて、これ以上の言及は避けます。歴史的には大切ですが、現代のディープラーニングの理解には本質でないからです。

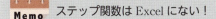

Memo ステップ関数は Excel にない！

式 (2) で定義したステップ関数は Excel にはありません。これを実現するには IF 関数を応用するとよいでしょう。

式 (2)：$u(x) = \mathrm{IF}(x < 0,\ 0,\ 1)$

実装例を下図に示します。

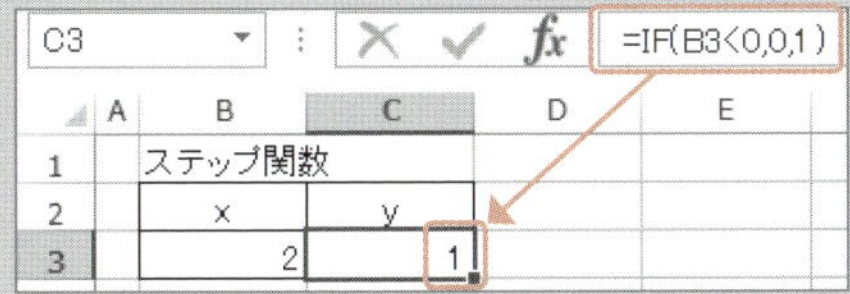

IF 関数でステップ関数を実装。

§4 ステップ関数からシグモイド関数へ

ニューラルネットワークの基本となる「シグモイドニューロン」について調べます。これは先に調べた生物のニューロンを表すのに用いたステップ関数をシグモイド関数に置き換えた人工ニューロンのモデルです。

シグモイド関数

ステップ関数を用いた人工ニューロンの長所は、動物の神経細胞に忠実なモデルということです。しかし、前の節（§3）で調べたように、ステップ関数は滑らかでないという欠点があります。人類の発明した最大の数学の武器の一つである微分法のアイデアが使えないのです。

そこで、このステップ関数に似た、しかも滑らかな関数を考えましょう。それがシグモイド関数です。次のように定義されます。

$$\sigma(x) = \frac{1}{1+e^{-x}} \quad \cdots (1)$$

注 2章§1で調べたように、e はネイピア数（≒2.71828）と呼ばれる定数です。e^x は指数関数です。Excelでは EXP(x) と表されます。

シグモイド関数(1)のグラフを見てみましょう。

このグラフからわかるように、シグモイド関数はステップ関数に似ていますが、どこも滑らかで、どの点でも微分が可能です。また、関数値は0と1の間に収まり、その値に割合や度合い、確率など、さまざまな数学的な解釈を施すことができます。

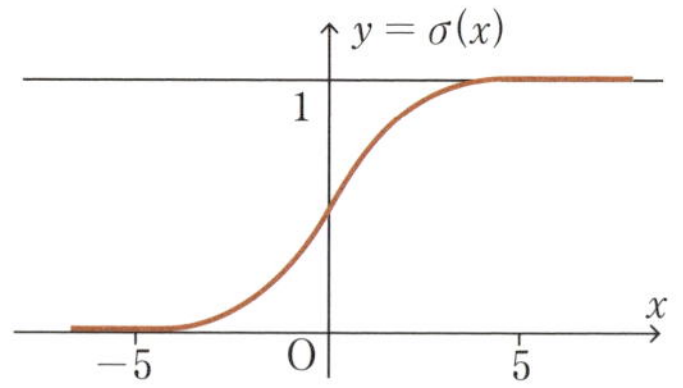

シグモイド関数のグラフ。ステップ関数に似ているが、滑らかで数学的に扱いやすい。

例題1 シグモイド関数$\sigma(x)$において、次の関数値をExcelで求めましょう。

(1) $\sigma(0)$　(2) $\sigma(1)$　(3) $\sigma(-1)$　(4) $\sigma(10)$　(5) $\sigma(-10)$

注 このワークシートは、ダウンロードサイト（→8ページ）に掲載されたファイル「3.xlsx」の中の「4_例題1」タブにあります。

解　図のように、式(1)をそのままの形で入力すればよいでしょう。

C3　=1/(1+EXP(-B3))

	A	B	C	D	E	F
1		シグモイド関数				
2		x	σ(x)			
3		0	0.50			

指数関数e^xの計算にはEXP関数を利用。

このワークシートで、xの欄の数値を変更することで、次の概数が計算されます。

$\sigma(0)=0.50$、$\sigma(1)=0.73$、$\sigma(-1)=0.27$、$\sigma(10)=1.00$、$\sigma(-10)=0.00$

この〔例題1〕で注意すべき点は、xの値が10にもなると、シグモイド関数$\sigma(x)$の値は1とみなせることです。また、xの値が-10にもなると、シグモイド関数$\sigma(x)$の値は0とみなせることです。シグモイド関数がステップ関数のよい代替関数になっていることが納得できます。

シグモイドニューロン

パーセプトロンのステップ関数をシグモイド関数に置き換えた人工ニューロンを**シグモイドニューロン**といいます。すなわち、シグモイドニューロンとは活性化関数にシグモイド関数を採用したニューロンのことです。

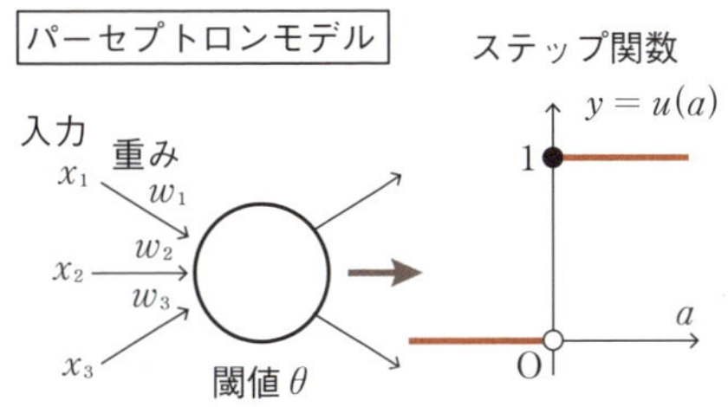

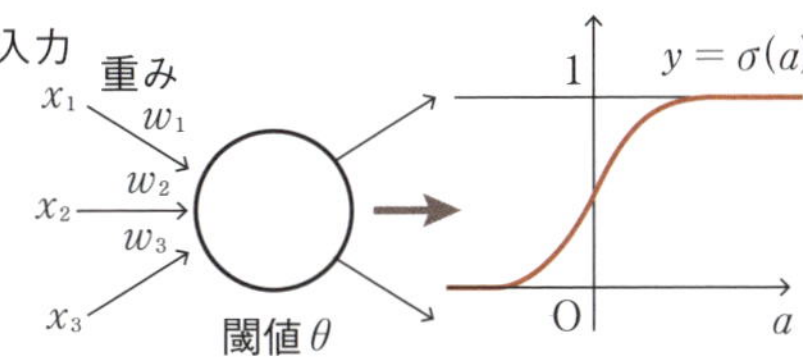

3 ニューロンモデル

シグモイドニューロンは本書の中心的なニューロンモデルとなります。今後何も注釈を付けないとき、ニューロンといえばこのシグモイドニューロンを指します。そこで、その働きをここでまとめておきましょう。

入力信号 x_1、x_2、…、x_n（n は自然数）を考え、各入力信号には重み w_1、w_2、…、w_n が与えられたとする。閾値を θ とするとき、ニューロンの出力 y は

$$y = \sigma(a) \quad \cdots (2)$$

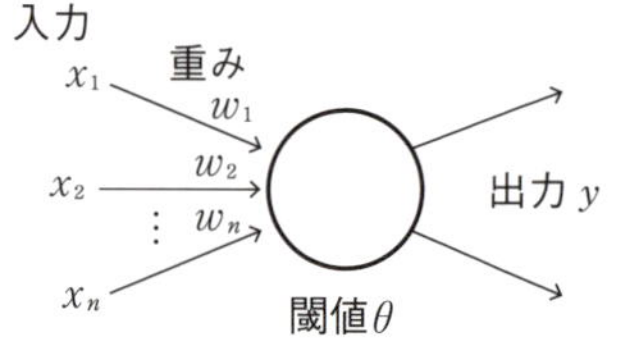

ここで、σ はシグモイド関数であり、a は「入力の線形和」と呼ばれ、次のように定義される。

$$a = w_1x_1 + w_2x_2 + \cdots + w_nx_n - \theta \quad \cdots (3)$$

シグモイドニューロンの出力値は 0 と 1 の間の数

先の関数 (1) のグラフの個所でも言及しましたが、シグモイドニューロンの出力値は 0 と 1 の間の任意の数になります。

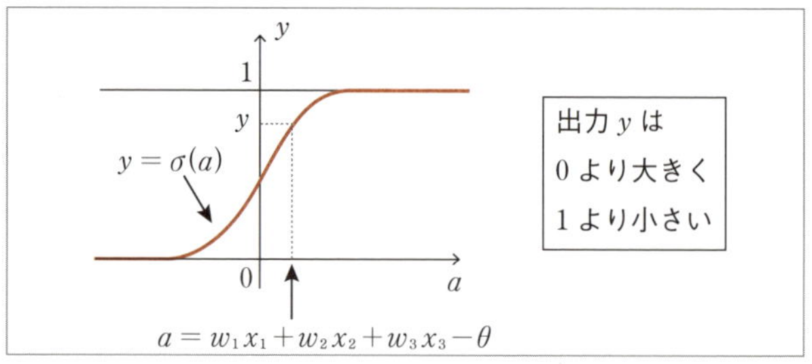

このことは先に調べたパーセプトロンとは大きく異なります。パーセプトロンで用いたニューロンの出力は 0、1 の 2 値でした。それに対して 0 と 1 の間の任意の数を出力するシグモイドニューロンは、「神経細胞の発火」というデジタルなイメージとはかけ離れています。あえて解釈すれば、ニューロンの「活性度」、通俗な言葉を用いると「興奮度」を表すと解釈できます。いずれにせよ、シグモ

イドニューロンの出力は現実のニューロン（神経細胞）とは大きく異なるのです。

以上のことからわかるように、シグモイドニューロンを採用するということは、生物学的な神経モデルからは大きく離反することを意味します。

シグモイドニューロンの出力値はニューロンの「活性度」「興奮度」と解釈できる。

Excelでニューロンの働きを再現

それでは、具体的にシグモイドニューロンの出力の計算をしてみましょう。1つのセルが1つのニューロンを表現できることを確かめます。

例題2 2つの入力 x_1、x_2 を持つシグモイドニューロンを考えます。入力 x_1、x_2 に対する重みを順に w_1、w_2 とし、閾値を θ とします。2つの入力 x_1、x_2 を与えたときの出力を求めるワークシートを作成しましょう。ただし、w_1、w_2、θ は任意に与えられるようにします。

注 このワークシートは、ダウンロードサイト（→8ページ）に掲載されたファイル「3.xlsx」の中の「4_例題2」タブにあります。

解 次のワークシートはパラメーター (w_1, w_2, θ) に $(2, 3, 4)$ を設定しています。式(2)、(3)からシグモイドニューロンの出力が求められますが、次の図は入力 (x_1, x_2) に $(1, 1)$ を考えた場合です。

H3　=1/(1+EXP(-SUMPRODUCT(C3:C4,F3:F4)+C5))

	A	B	C	D	E	F	G	H	I	J	K
1		シグモイドニューロン									
2		パラメータ			入力			出力			
3		w1	2		x1	1		0.7311			
4		w2	3		x2	1					
5		θ	4								

例題3 3つの入力x_1、x_2、x_3を持つシグモイドニューロンを考えます。各入力に対する重みを順にw_1、w_2、w_3とし、閾値をθとします。3つの入力を与えたときの出力を求めるワークシートを作成しましょう。ただし、w_1、w_2、w_3、θは任意に与えられるようにします。

注 このワークシートは、ダウンロードサイト（→8ページ）に掲載されたファイル「3.xlsx」の中の「4_例題3」タブにあります。

解 次の図はパラメーター(w_1, w_2, w_3, θ)に(1, 2, 3, 4)を設定しています。式(2)、(3)から、シグモイドニューロンの出力が求められますが、下図は入力(x_1, x_2, x_3)に(1, 1, 1)を考えた場合です。

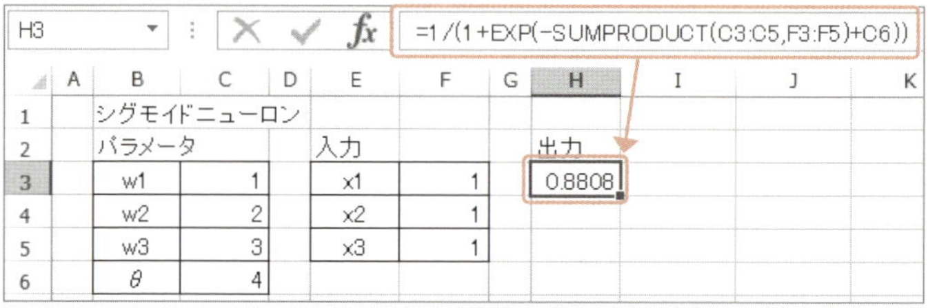

H3　=1/(1+EXP(-SUMPRODUCT(C3:C5,F3:F5)+C6))

	A	B	C	D	E	F	G	H	I	J	K
1		シグモイドニューロン									
2		パラメータ			入力			出力			
3		w1	1		x1	1		0.8808			
4		w2	2		x2	1					
5		w3	3		x3	1					
6		θ	4								

パラメーターの組(w_1, w_2, w_3, θ)、入力の組(x_1, x_2, x_3)の値をいろいろと変えて、シグモイドニューロンに親しんでみましょう。Excelの1つのセル（番地H3）で1つのシグモイドニューロンが表現できることも確認しましょう。

Memo　シグモイドニューロンを一般化

活性化関数の候補はシグモイド関数だけではありません。疑似的な発火を実現できるようなグラフの形を持つ関数なら何でもよいのです。そこで、計算速度の速いReLUモデルが有名です。5章の最後で、この関数についても触れることにします。

4章

ニューラル ネットワークの しくみ

3章で調べた（人工）ニューロンを用いてネットワークを作成しましょう。簡単な「○」「×」2文字を識別することを具体例として話を進めます。Excelで計算すると、1つのセルが1つのニューロンに該当するので、ニューラルネットワークのしくみが理解しやすいでしょう。

（注）本章からは人工ニューロンをニューロンと略します。

§1 読み物としてのニューラルネットワークのしくみ

ニューラルネットワークが画像の識別をどのように実現するのかを、人の動きに例えて調べてみましょう。全体を大まかに見渡しておくことは、次節以降の数値的な説明の理解を容易にするでしょう。

注 本書は階層型ニューラルネットワークと呼ばれるタイプしか扱いません。

問題の明確化

本章では、次に示す〔テーマⅠ〕を具体的に調べることで、ニューラルネットワークのしくみを解説していきます。

テーマⅠ 4×3 画素の白黒 2 値画像として読み取った手書きの文字「○」、「×」を識別する畳み込みニューラルネットワークを作成しよう。

本章はこの課題に対するニューラルネットワークとして、次の形を採用します。

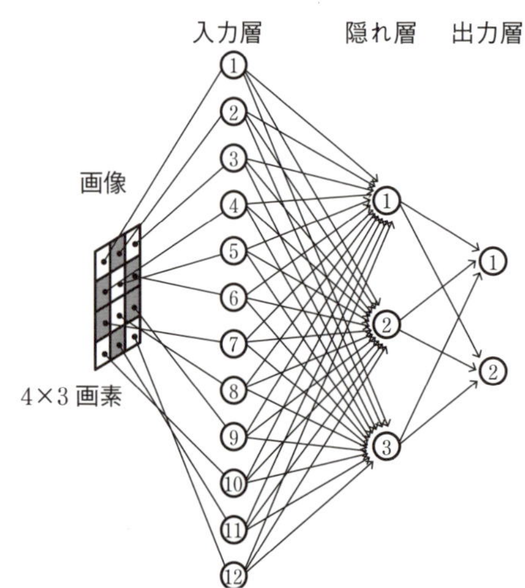

本章で調べるニューラルネットワーク。図の中の矢に対応する重みと、各ニューロンの閾値を決めることが大きな目的となる。なお、本節では、左の図のようにニューロンに番号を付ける。

上記〔テーマ I〕に示す「4×3＝12 画素の白黒 2 値画像」の手書き文字「○」、「×」とは、次に例示するような極めて単純な画像です。

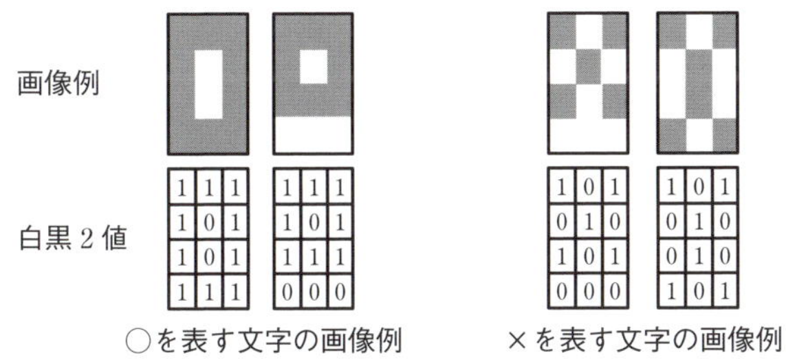

白黒2値画像とは0、1で表現できる画像のこと。

本節は左ページに示したニューラルネットワークが上記の文字を識別するしくみを、人の行動に例えて、解説することにします。

なお、下図は左ページのニューラルネットワークを原始生物の視神経システムに見立てた図です。

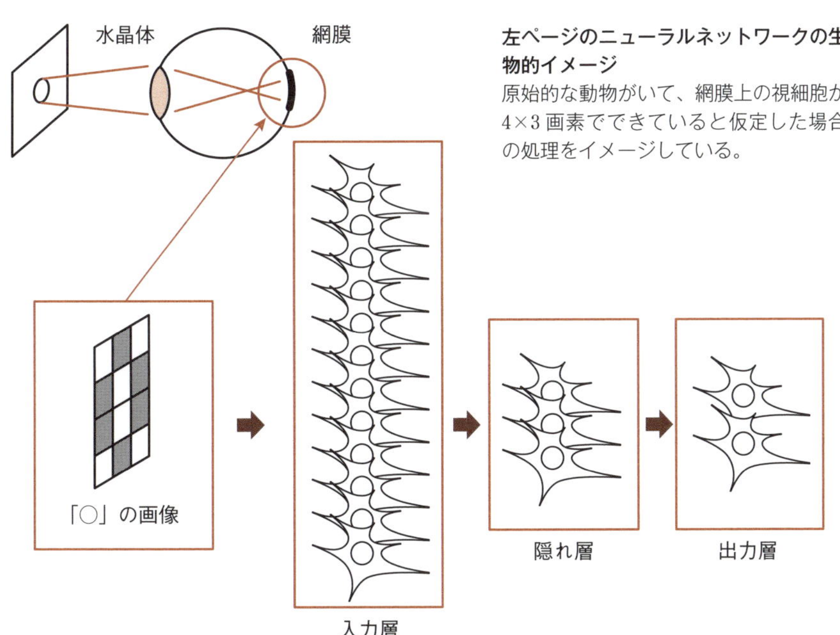

左ページのニューラルネットワークの生物的イメージ
原始的な動物がいて、網膜上の視細胞が4×3 画素でできていると仮定した場合の処理をイメージしている。

各層のニューロンに役割を与える

解説しやすいように、ネットワークを構成するニューロンに番号を付けましょう。先に示したニューラルネットワークの図（60ページ）のように、各層のニューロンについて、上から順に1、2、3と番号を振ります。また、縦の列にも名称を付けます。画像の隣の層を**入力層**、中間の層を**隠れ層**、そして右側の層を**出力層**と呼ぶことにします。

では、ニューラルネットワークの動作のしくみを人間の営みに置き換えて考えてみましょう。最初に入力層について考えます。

この層にある12個のニューロンは、ネットワークへ画像情報を運ぶ「運搬係」の役割を担います。一人ひとりのスタッフは画像の一つひとつの画素を担当し、画素情報を加工せず、そのまま隠れ層の全員に報告する役割を担います。換言すれば、入力層のニューロンは入力信号を中間層に伝えるだけで、何の処理も行いません。彼ら運搬係の各スタッフは、ニューロン番号と同じ①～⑫で呼ぶことにします。

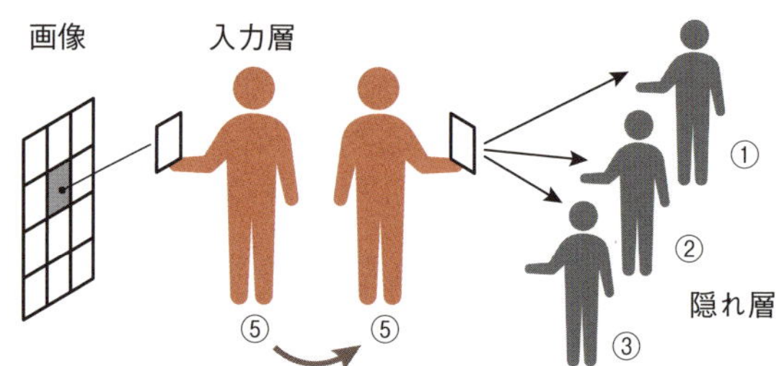

入力層の各ニューロンは信号の「運搬係」。この図は⑤番の運搬係を表す。運搬係のスタッフは受け持ちの画素情報をそのまま隠れ層の係全員に報告する。

次に、隠れ層について考えます。

この層にある3つのニューロンは「検知係」の役割を担います。入力層から報告される画像パターンの中に受け持ちのパターンが含まれているかを調べ、その含有率を上の層に報告する役割を担います。

注 話を分かりやすくするために、「受け持ちのパターン」は予めわかっているものとしますが、実をいうとこの決定が本章の目的の一つなのです。ちなみに、含有率という言葉を用いましたが、これはイメージ的な表現であり、厳密な意味ではありません。

各検知係の受け持つパターンを「特徴パターン」と呼ぶことにしましょう。ここでは、次のパターンを仮定することにします。

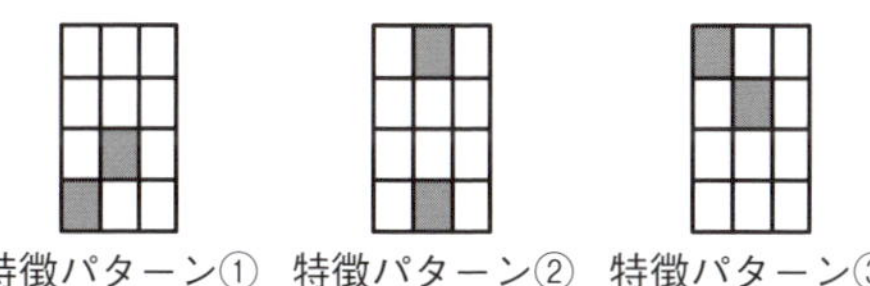

3人の検知係①～③が検知を受け持つ3つのパターン。

ニューロン番号①～③に該当する検知係①～③は、上記の特徴パターン①～③の検知を担当することにします。

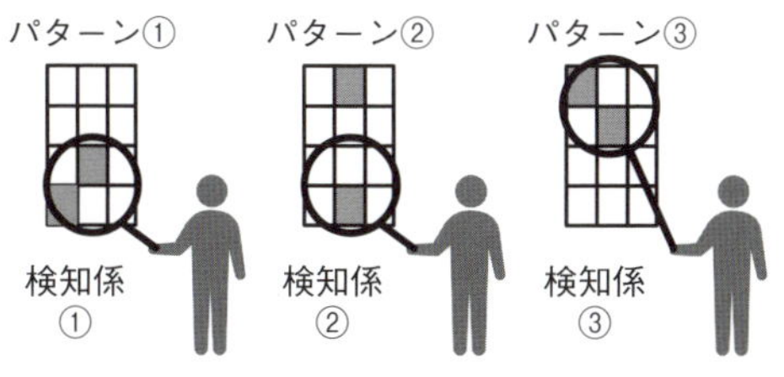

隠れ層の各検知係は、自分と同じ番号のパターンを検知する任務を負う。

次の図は、特徴パターン①を検出する役割を担う検知係①の働きを示しています。

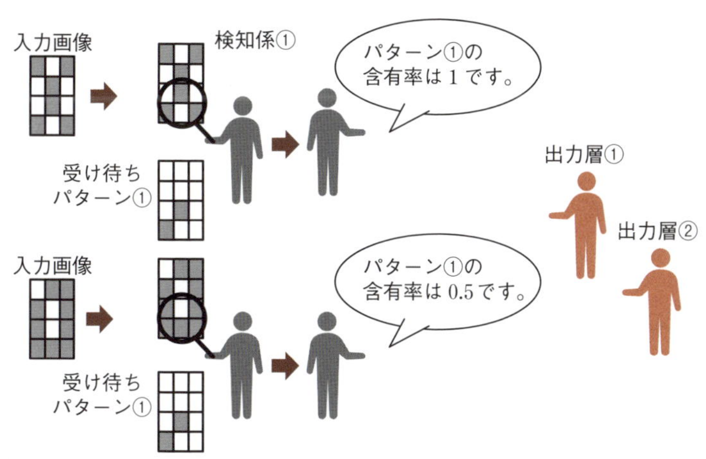

隠れ層の検知係①は受け持ちの特徴パターン①が画像にどれくらい含まれているかを調べ、その含有率を0～1の間の値で出力層に伝える。

最後に出力層について調べましょう。

この層のニューロンは「判定係」の役割を担います。この係の各スタッフもニューロン番号と同じ①、②で呼ぶことにします。判定係①は文字「○」の判定を分担します。判定係②は文字「×」の判定を分担します。隠れ層の「検知係」から報告される3つの異なる特徴パターンの含有率を勘案して、判定係①は文字「○」である確信度を0と1の間の数値で表現します。判定係②は文字「×」である確信度を0と1の間の数値で表現します。

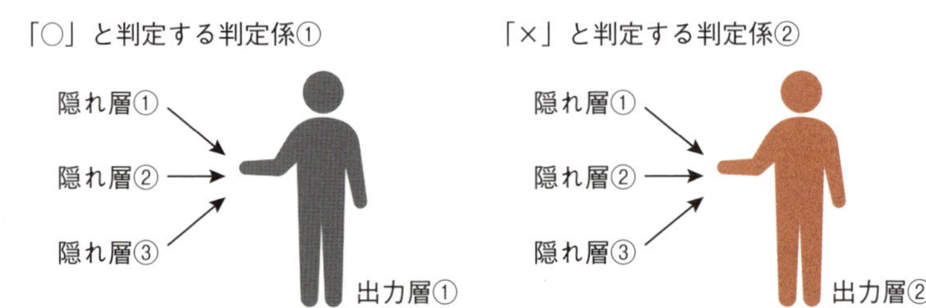

判定結果は、その判定の確信度に応じて0から1の間の値で出力する。

注 確信度という言葉を用いましたが、これはイメージ的な表現であり、厳密な意味ではありません。

ニューロン1個は知能を持たない！

「運搬係」12人、「検知係」3人と「判定係」2人の総勢17人の役割を調べました。「運搬係」は画素信号を隠れ層のスタッフ全員にそのまま届ける係、「検知係」は運搬係からもらった信号の中にある受け持ちの特徴パターンの含有率を判定係に報告する係、そして最後の「判定係」は検知係からもらった情報から文字「○」か文字「×」かの確信度を出力する係です。

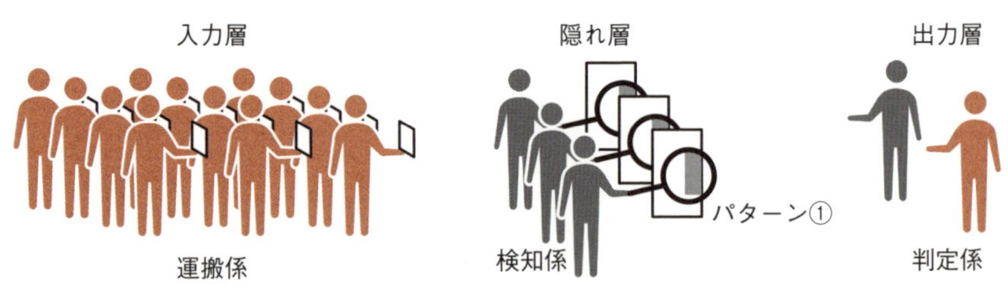

総勢17人のスタッフ

注意すべきことは、各ニューロンを「人」に例えたからといって、そのニューロンは人のような知能を有してはいないことです。3章で調べたように、各ニューロンは単純に次の働きをするだけです。

入力信号 x_1、x_2、…、x_n (n は自然数) を考え、各入力信号には重み w_1、w_2、…、w_n が与えられたとする。閾値を θ とするとき、ニューロンの出力 y は

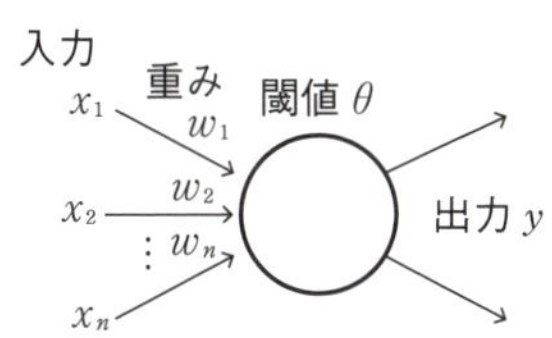

$$y = \sigma(a) \quad \cdots (1)$$

ここで、σ はシグモイド関数であり、a は「**入力の線形和**」と呼ばれ、次のように定義される。

$$a = w_1x_1 + w_2x_2 + \cdots + w_nx_n - \theta \quad \cdots (2)$$

では、どうやって、こんな単純なニューロン (すなわち17人のスタッフ) が寄り集まって文字識別という高度な処理が可能になるのでしょうか。その秘密は層間の各係のスタッフの関係 (すなわち重み) の大小にあります。層ごとにそのしくみを調べてみましょう。

隠れ層の役割は特徴抽出

入力層は単にネットワークの窓口です。受け取った入力値をそのまま隠れ層に渡します。その隠れ層の働きを考えることにします。

例として、前のページ (63ページ) に図示した隠れ層の「検知係」①について調べます。この検知係①は、読み取った画像の中に、下図に示した特徴パターン①が含まれるかどうかを調べ、その含有率を0から1の間に数値化する役割を担います。

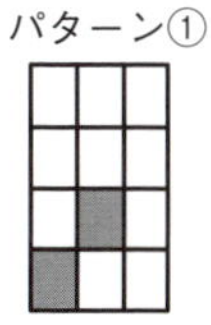

検知係①の検知すべきパターン①。

では、どうやって含有率を算出するのでしょうか？　その秘密は入力層の運搬係と検知係①とを結ぶ矢の太さ（すなわち重みの大きさ）にあります。

次の図を見てください。この図に示すように、入力層の運搬係⑧⑩と隠れ層の検知係①とを結ぶ矢を太くし（すなわち重みを大きくし）、検知係①に向けられた他の矢を細くして（重みを小さくして）みましょう。そうすれば、パターン①が画像に含まれているとき、「入力の線形和」(2) からわかるように、検知係①に伝わる信号は大きくなります。また、画像パターン①が画像に含まれていないとき、検知係①伝わる信号は小さくなります。

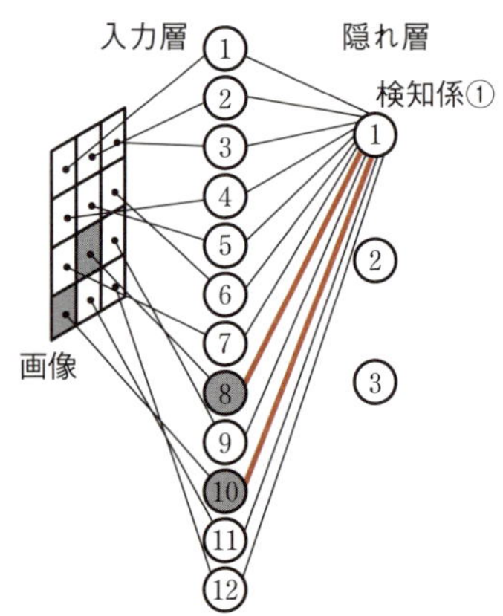

パターン①が画像に含まれるかどうかを調べるには、入力層のスタッフ⑧⑩と隠れ層の検知係①とが太い矢で結ばれていればよい。すなわち、隠れ層①のニューロンは入力層⑧⑩の入力の「重み」を大きくし、他の重みを小さくすればよい。

この例からわかるように、「入力の線形和」(2) の中の「重み」を調節することで、画像において、検知係が担当する特徴パターンの含まれ具合が判明し、活性化関数 (1) で含有率に変換できます。

例 1 前のページ（63 ページ）に示した特徴パターン②（右図）を検知する「検知係」②については、どうすればこの特徴パターン②の含有率を検知係②は算出できるのか、調べてみましょう。

パターン②

次ページ上図を見てください。入力層の運搬係②⑪と検知係②とを結ぶ矢の重みを大きくし、検知係②に向けられた他の矢を細くして（重みを小さくして）みましょう。そうすれば、このパターン②が画像に含まれているとき、「入力の線

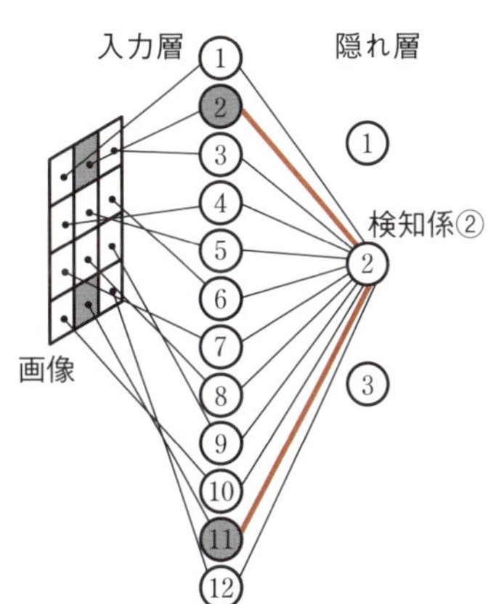

形和」(2) から検知係②に伝わる信号は大きくなります。また、画像パターン②が画像に含まれていないとき、検知係②に伝わる信号は小さくなります。こうすることで、このパターン②が画像に含まれる大小を算出できます。この大小によって、活性化関数 (1) でパターン②の含有率が求められます。これが (例 1) の解答です。

パターン②が画像に含まれるかどうかを調べるには、入力層のスタッフ②⑪と隠れ層の検知係②とが太い矢で結ばれていればよい。すなわち、隠れ層②のニューロンは入力層②⑪の入力の「重み」を大きくし、他の重みを小さくすればよい。

例題 1 **前のページ (63ページ) に示した特徴パターン③ (右図) を検知する「検知係」③について、どうすればこの特徴パターン③の含有率を検知係③は算出できるのか、調べてみましょう。**

パターン③

解 入力層の運搬係①⑤と検知係③とを結ぶ矢の重みを大きくし、他の矢を細くして (重みを小さくして) みましょう。そうすれば、パターン③が画像に含まれているとき、「入力の線形和」(2) から検知係③に伝わる信号は大きくなります。また、画像パターン③が画像に含まれていないとき、検知係③に伝わる信号は小さくなります。こうして、パターン③が画像に含まれる大小を算出できます。(**答**)

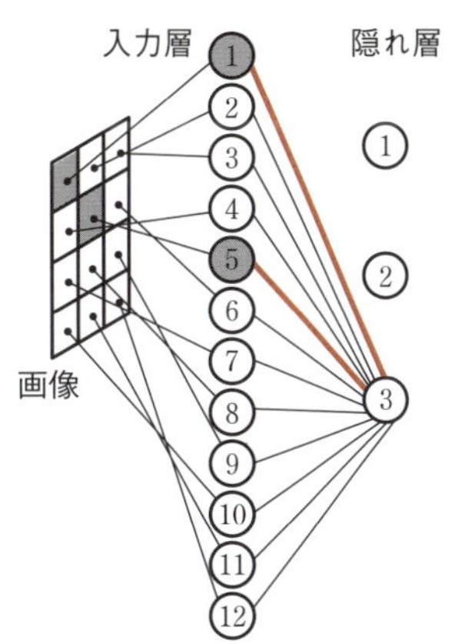

このようにして、検知係は、入力層と結ぶ「重み」の大小によって、与えられたパターンの含有率を算出できるのです。単純な人工ニューロンが、文字画像の

中の情報を調べるということは、このように単純な操作によってなされます。

ところで、検知係が目的のパターンの含有率を算出することは、画像に含まれる特徴を抽出すると換言できます。このことをニューラルネットワークでは「隠れ層は**特徴抽出**する役割を担う」と表現します。

出力層の「判定係」は受け持ち文字の確信度の出力

最後に出力層の判定係の働きを見てみましょう。

出力層の「判定係」は「検知係」から報告される特徴パターンの含有率から、自分が受け持つ文字かどうかの確信度を0と1の間に数値化します。先に定めたように、判定係①は「○」の確信度を、判定係②は「×」の確信度を数値化することにします。

ところで、判定係①が「○」と判定する役割を担っているということは、隠れ層の検知係②と太い矢を持つことを意味します。手書き文字「○」の文字には特徴パターン②が含まれている可能性が高いからです。

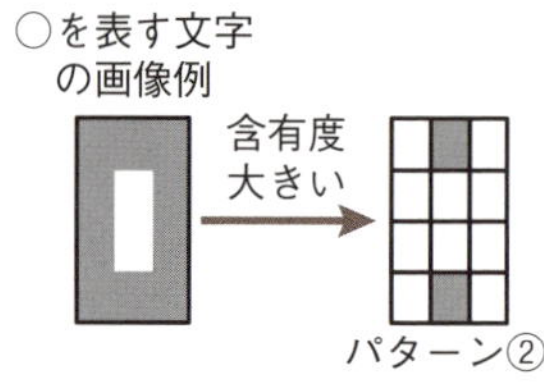

手書き文字「○」の文字には特徴パターン②が含まれている可能性が高い。

判定係②が「×」と判定する役割を担っているということは、隠れ層の検知係①③と太い矢を持つことを意味し、検知係②と細い矢をもつことを意味します。手書き文字「×」の文字にはパターン①③が含まれている可能性が高いからです。

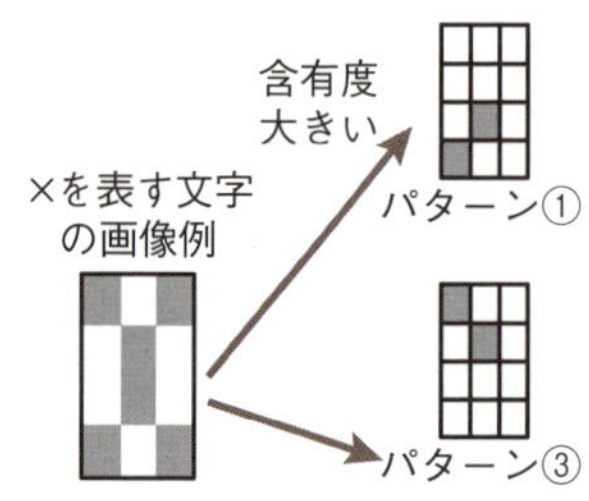

手書き文字「×」の文字にはパターン①③が含まれている可能性が高い。

隠れ層のときと同様、太い矢とは、ニューロンの世界でいうと、「重み」が大きいことを意味します。細い矢ということは、式(2)の重みを小さくすることになります。隠れ層のときと全く同じしくみで「入力の線形和」(2)から目的の情報を選別し、自分の任務とする判断がしやすいようにできるのです。

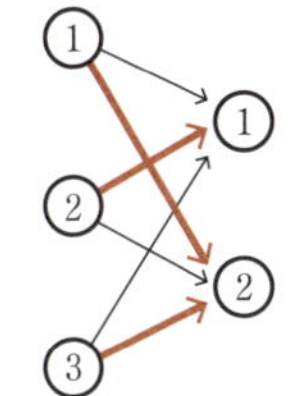

「○」と判定する判定係①には、パターン②の検知を受け持つ検知係②からの矢が太く（重みが大きく）なる。
「×」と判定する判定係②にはパターン①と③の検知を受け持つ検知係①③からの矢が太く（重みが大きく）なる。

擬人化された表現で図示すると、さらにわかりやすいでしょう。情報を伝えるパイプの細い太いで物事が決定されるのは、どこか人間社会にも似ています。

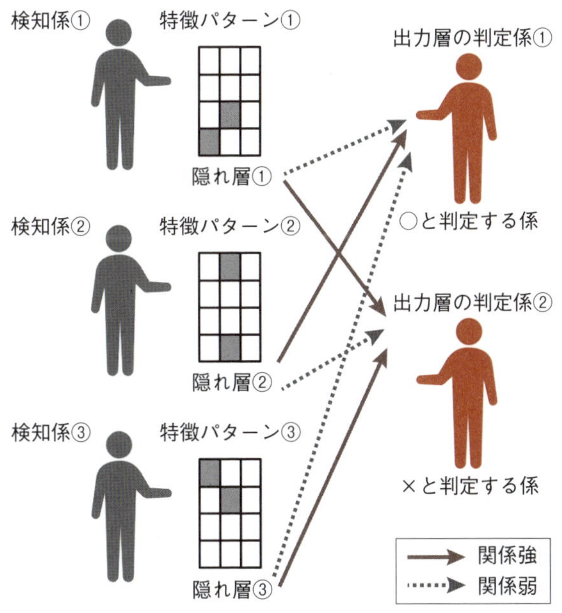

「○」と判定する出力層①は○の特徴パターンを持つ隠れ層②と親しく、隠れ層①③と疎遠のはず。
「×」と判定する出力層②は×の特徴パターンを持つ隠れ層①③と親しく、隠れ層②とは疎遠のはず。

まとめると

　これまでの話をまとめてみましょう。結局、各層間の矢の太さ、すなわち「重み」の大きさが、ニューラルネットワークが画像を判別するカギになっていることがわかりました。その結果を次の図にまとめてみましょう。

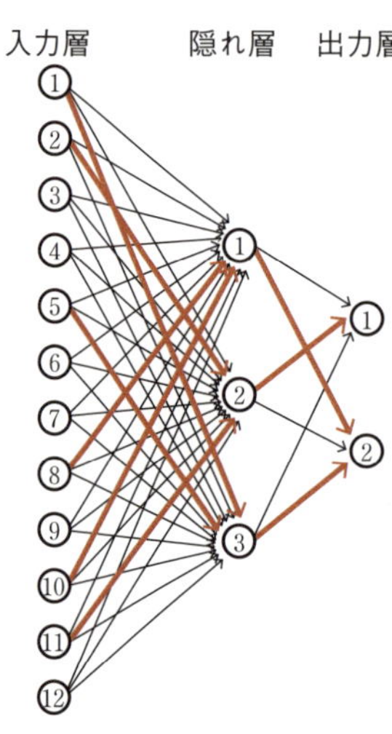

完成したニューラルネットワークのイメージ。太い矢は重みが大きいことを表わす。ニューラルネットワークが識別を可能にする秘密はこの矢の太さ（重みの大小）にある。

秘密はネットワークの連携

　以上の話を具体化するために、次の例を調べましょう。

例2　下図の手書き文字「○」の画像が入力されたとき、ニューラルネットワークが「○」と判定するしくみを見てみます。

文字「○」を表す画像。

この文字画像には特徴パターン②が含まれています。そこで、運搬係の②、⑪は太い矢を持つ検知係の②に強い信号を送ります。すると、検知係②は太い矢を持つ出力層の判定係①に強い信号を送ります。こうして、「○」を判定する出力層の判定係①は「この画像は『○』」と確信し、確信度として1に近い値を出力します。それに対して、弱い信号しか受け取らなかった出力層の判定係②は「この画像は『×』」とする確信度として0に近い値を出力します。こうして、ニューラルネットワークは出力層の2者の確信度を比較することで「この文字画像は『○』である」と判定することになります。

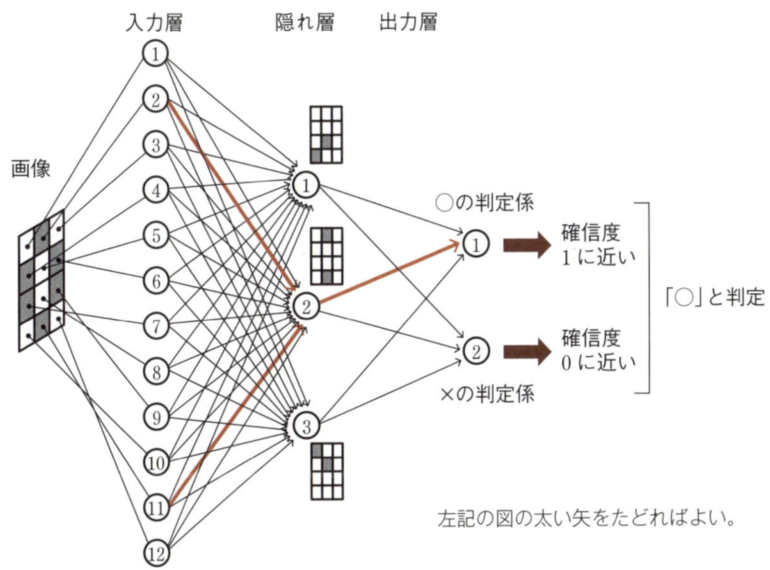

例題2 次の手書きの文字画像が入力されたとき、ニューラルネットワークが「×」と判定するしくみを説明しよう。

文字「×」を表す画像。

解 この文字画像には特徴パターン①と③が含まれています。左記の図の太い矢（情報伝達のパイプ）をたどることで、「×」と判定する判定係②に強い信号が伝わり、判定係②は1に近い確信度を出力します。それに対して、弱い信号しか受け取らなかった出力層の判定係①は「この画像は『○』」とする確信度として0に近い値を出力します。こうして、ニューラルネットワークは出力層の2者の確信度を比較することで「この文字画像は『×』である」と判定することになります。(**答**)

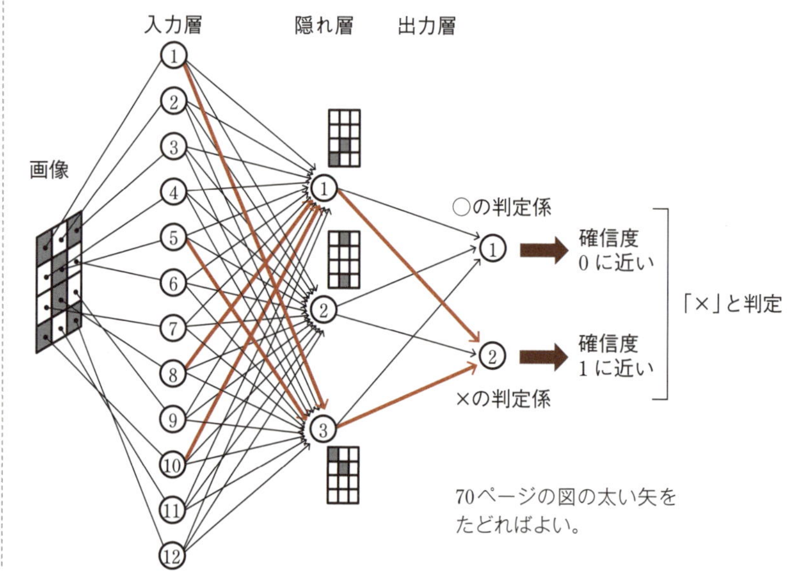

閾値の役割は不要な情報のカット

さて、隠れ層の検知係が入力層からの情報をえり分けるしくみが「重み」にあることを調べましたが、もう一つのパラメーターである「閾値」はどんな働きをするのでしょうか？

例えば、隠れ層の検知係のスタッフについて考えてみましょう。そのスタッフは自分と太い矢で結ばれた入力層の運搬係からの信号は大切です。しかし、それ以外の運搬係からの信号は雑音となります。その雑音をカットする役割が「閾値」なのです。閾値をちょうどよく設定することで、受け持つ目的の信号を取り込み、それ以外の信号を上手に抑え込むことができるのです。

パラメーターの決め方

これまでは、隠れ層の検知係が受け持つ「特徴パターン」は初めから与えられたものと仮定してきました。しかし、先にも注記したように、実際には何が画像の特徴なのかはわかりません。どうやって、画像の特徴が決められるのでしょうか？また、各ニューロンの重みについても、具体的にどう決定されるのでしょうか？

この疑問に答えるのが、**ネットワーク自らが決定する**というアイデアです。すなわち、重みや閾値は与えたデータからニューラルネットワーク自らが決定するのです。人が手取り足取りして教えるという操作はしません。

いま調べている例で考えてみましょう。「○」「×」の手書き画像のデータが何枚もあり、それらには1枚ずつ「○」か「×」かの正解がついていると仮定します。すると、最初にやることは、ニューラルネットワークに1枚1枚の画像を読ませ、「○」か「×」かの確信度を計算することです。次に、1枚1枚の画像に付けられた正解との誤差を算出し、画像データすべてにおいてこれらの誤差の総和を求めます。最後に、この誤差の総和が最小になるように、重みと閾値をコンピューターで決めるのです。

注 これら画像と正解のセットを**教師データ**、または**訓練データ**といいます。

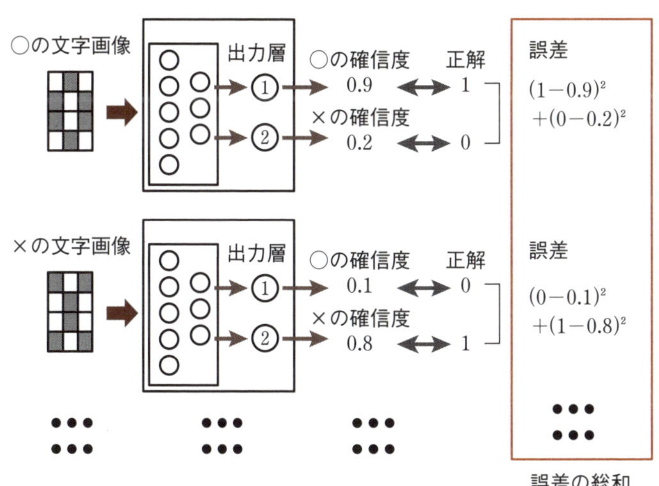

誤差の総和のイメージ。表示している値は仮の値である。

以上の数学的な手続きは数学モデルの**最適化**と呼ばれます。古くから研究されてきました。本書では、その最も簡単な方法として回帰分析を紹介しました（2章 §4）。その最適化の手法からニューラルネットワークの重みと閾値が決定されるのです。別な表現をすれば、最適化の計算さえすれば、ニューラルネットワークは画像データから自分自身を決定するのです。これが先に述べた「ネット自らが決定」という表現になります。人が知識を与える余地はないのです。

コンピューター技術の発展の賜物

ネットワークの連係が判断を下すというしくみは、これまでの数学的アプローチとは異なる大きな可能性を秘めています。これまでの数学モデルは、それを規定するパラメーターをできるだけ少なくし、簡潔化しようとしてきました。それに対して、ニューラルネットワークのモデルは膨大な数のパラメーター（すなわち重みと閾値）が含まれています。このようなモデルを作成できるようになったのは、ひとえにコンピューター技術の発展のおかげです。何百万という重みや閾値をコンピューターは嫌がらずに計算してくれるからです。

ニューラルネットワークのアイデアのまとめ

ニューラルネットワークを構成するニューロン一つひとつは単純な働きをします。入力を線形和にまとめ（式(2)）、その大小から0と1の間の数に変換します（式(1)）（式(1)(2)は65ページ参照）。このネットワークが画像の意味を判別できる「肝」の部分は重みをデータに合わせ調整することです。特徴パターンが現れたときに、それが担当スタッフに報告されやすいように、矢の重み（すなわち情報伝達のパイプの太さ）を自らが決定するのです。

これはアリの社会にも似ています。アリ一匹一匹は大きな知能を持ちませんが、互いにネットワークを構成し、関係を築き合うことで複雑な社会をつくることができます。

次節以降、Excelと対話しながら、以上のことを確認していきましょう。

§2 ニューラルネットワークが手書き文字を識別

先の節ではニューラルネットワークのしくみを人の役割にたとえて調べました。本節からは、Excelを用いて具体的にそのしくみを調べることにしましょう。まずテーマを明確にし、そのためのデータを準備します。

これから調べる具体例

前の節（本章§1）で調べた次の〔テーマⅠ〕を具体例として、Excelを利用しながら議論を進めます。

テーマⅠ 4×3画素の白黒2値画像として読み取った手書きの文字「○」、「×」を識別する畳み込みニューラルネットワークを、64枚の手書き画像とその正解からなる訓練データから作成しましょう。

ニューラルネットワークとしては、§1で調べた次の図で表されるネットワークを利用します。

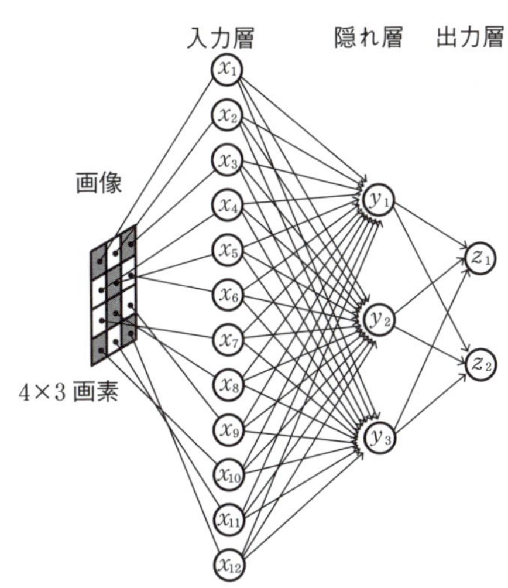

本章の目標となるニューラルネットワークの形。なお、ニューロンに付された名称については、これから解説。

前節では各ニューロンを擬人化して、ニューラルネットワークのしくみを見てみました。これからはExcelを用いることで、具体的な数値でそのしくみを調べることにします。その中で、隠れ層や出力層の意味が数値的に明らかになるでしょう。

各層の役割

前のページに示すように、これから考えるニューラルネットワークは「入力層」「隠れ層」「出力層」の3層から成立します。それら各層がどのような働きをするかについては前節（§1）で擬人化して調べましたが、ここでももう一度確認します。

入力層の12個のニューロンは、ネットワークへ画像情報を運ぶ「運搬係」の役割を担います。換言すれば、入力層のニューロンは入力信号を中間層に伝えるだけで、何の処理も行いません。

隠れ層の3つのニューロンは「特徴抽出」の役割を果たします。入力された画像データから、特徴パターンを探し出します。

出力層の2つのニューロンは、上が「○」を、下が「×」に強く反応するように意図されています。隠れ層で抽出された特徴から、「○」「×」を総合的に判定し、その確信度を出力します。

以上のような解釈が可能なのは後に確かめられます。ここでは、ミステリー小説の「予告編」と思っておいてください。

4×3=12ピクセルの白黒2値画像とは

先の節（§1）でも確認しましたが、「4×3＝12ピクセルの白黒2値画像」とは次のような画像を言います。

○の画像例

×の画像例

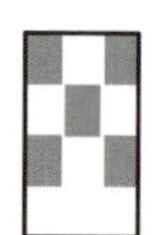

白黒2値画像の例。本書は、網をかけた画素を1に、かかっていない画素を0と表現。

しかし、Excel はこのような模様を扱えません。模様を数値に置き換えることが必要です。本章の〔テーマⅠ〕では白黒2値画像なので、次の図のように0と1の2値のパターンに置き換えられます。

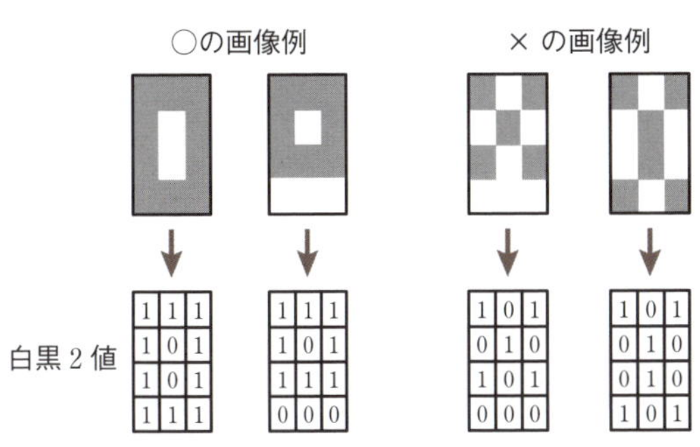

白黒2値画像の数値化。本書では網のかかった部分を1、白の部分を0と数値化する（写真のネガのイメージ）。

ところで、たとえ数値化されたとはいえ、このような画像を読ませても、コンピューターは何を意味しているか理解できません。そこで、各手書き文字画像には、それが何を意味するかの「正解」を添えなければならないのです。この手書き文字画像と、その正解のセットを**訓練データ**といいます。（また、**学習データ**ともいわれます。）いま調べている〔テーマⅠ〕の場合、手書きの「○」「×」画像と、その画像が「○」「×」どちらを表現するかの「正解」のセットが訓練データとなります。

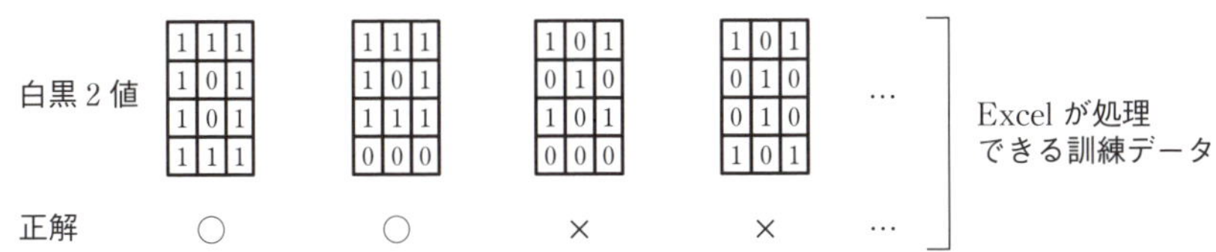

注 ニューラルネットワークで「教師なし学習」「強化学習」と呼ばれるタイプは、「正解」を直接には与えません。本書はこのような場合は考えません。

画像データを Excel に入力

それでは訓練データを Excel に入力してみましょう。

例題 4×3画素の白黒2値画像として読み取られた手書き文字「○」と「×」を、正解と共にExcelに入力しましょう。

注 このワークシートは、ダウンロードサイト（→8ページ）に掲載されたファイル「4.xlsx」の中の「Data」タブにあります。なお、付録Aにその手書き文字のイメージを掲載してあります。

解 次の図に示すように、手書き文字画像とその正解を入力しましょう。

○と×の識別

学習データ

番号	1	2	3	4	5	6	7		62	63	64
文字画像	1 1 1	0 1 1	1 1 0	1 1 1	1 1 1	0 0 0	0 0 0	0	0 1	1 0 0	0 0 1
	1 0 1	1 0 1	1 0 1	1 0 1	1 0 1	1 1 1	0 1 1	1	1 0	1 0 0	1 0 1
	1 0 1	1 0 1	1 0 1	1 0 1	1 0 1	1 0 1	1 0 1	1	1 0	0 1 0	0 1 0
	1 1 1	1 1 1	1 1 1	1 1 0	0 1 1	1 1 1	1 1 1	1	0 1	1 0 1	1 0 0
正解	○	○	○	○	○	○	○	○		×	×

訓練データはダウンロードしたものを利用

正解の○と×の画像をランダムに配置していたほうが、のちの最適化の計算の収束性は良くなります。しかし、いま考えている訓練データは単純なので、結果がわかりやすいように、○と×を分離して入力してあります。

注 データを取り込んだワークシートのタブ名は「Data」としました。

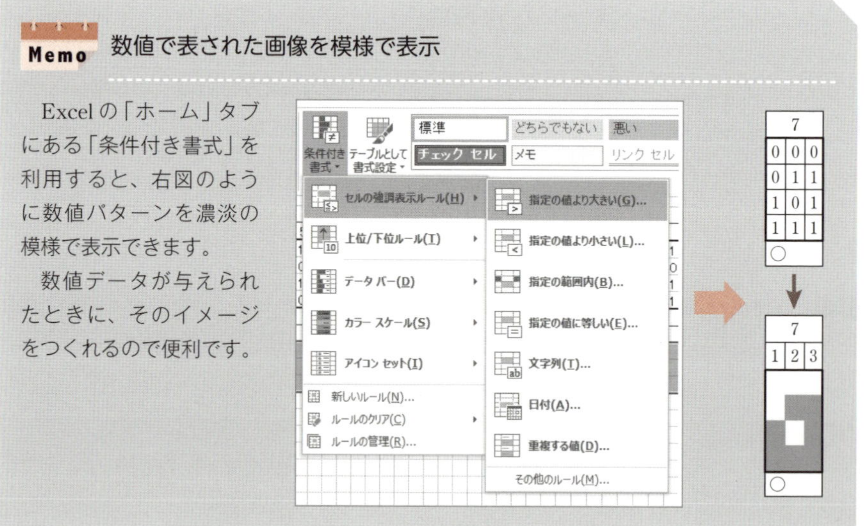

Memo 数値で表された画像を模様で表示

Excelの「ホーム」タブにある「条件付き書式」を利用すると、右図のように数値パターンを濃淡の模様で表示できます。

数値データが与えられたときに、そのイメージをつくれるので便利です。

§3 訓練データの1つからニューラルネットワークの出力を算出

前節（§2）では、具体的なニューラルネットワークを提示し、そのための訓練データをExcelワークシートに入力しました。本節では、その最初の画像についてニューロンの出力値を算出しましょう。

注 この節の例題のワークシートは、ダウンロードサイト（→8ページ）に掲載されたファイル「4.xlsx」の中の「例題」タブに一括して収められています。

変数名の約束

ニューラルネットワークの出力を算出するにはニューロン間の関係を調べる必要がありますが、その前に関係を記述する際に必要な変数名について確認します。

3章では、単独のニューロンを表現するのに、次の記号を導入しました。

x_i … i番目の入力値
w_i … i番目の入力にかけられる重み
θ … 閾値
y … 出力

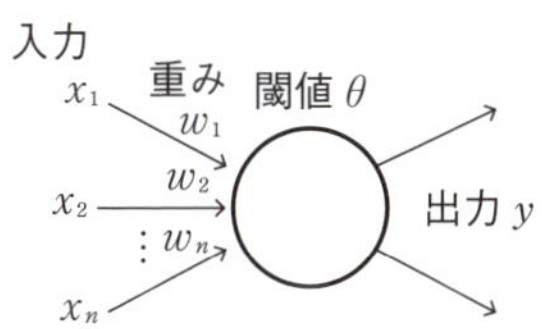

しかし、これらの記号はニューラルネットワークを記述するには力不足です。ネットワークの中でニューロンを議論するとき、どの層の何番目に位置するかの情報が必要になるからです。このことに留意しながら、ニューロンに新たな名称を与えましょう。

層の区別をするために、入力層のニューロン名にはxの文字を、隠れ層のニューロン名にはyの文字を、出力層のニューロン名にはzの文字を用いることにします。

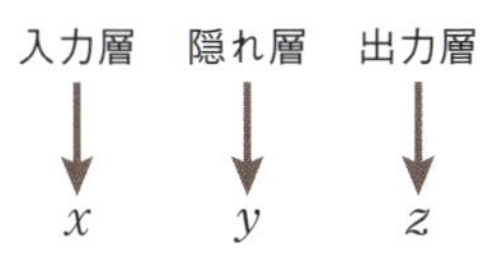

3層をx、y、zの3文字で区別

各層の中のニューロンの位置は、該当層の上からの位置番号を用います。その番号を x、y、z に添え字として付加し、ニューロン名にします。

こうして名付けられたニューロンの出力はニューロン名と同一にします。すなわち、各ニューロンのニューロン名と出力変数名は同一にするのです。

x_i　y_j　z_k　ニューロン名は出力変数名としても使用する。

次に、ネットワークの各ニューロンに関係する「重み」や「閾値」、そしてニューロンの「入力の線形和」を記述する変数名について考えます。これらは次の図のように約束します。

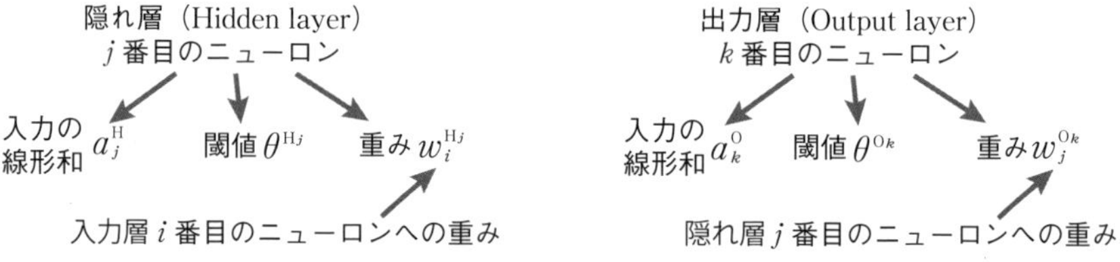

このように約束することで、次の図のように、層のニューロンの位置関係が示せます。

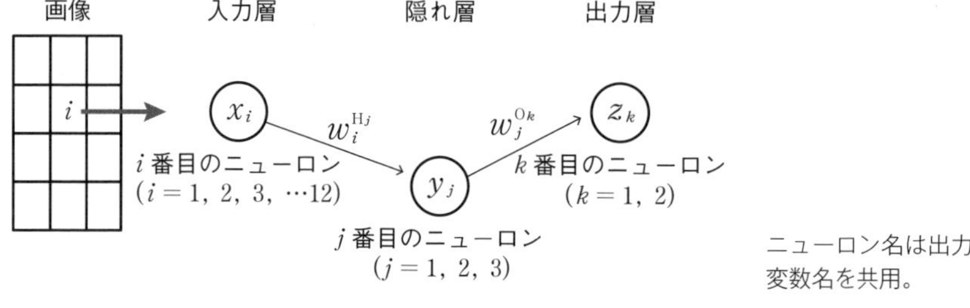

なお、各ニューロンについて、重み、閾値、入力の線形和の意味と役割は前の章（3章）で調べた単独のニューロン場合と同じです。以上のことを表にまとめておきましょう。

記号名	意味
x_i	入力層 i 番目のニューロンへの入力を表す変数。入力層では、出力と入力は同一値なので、出力の変数にもなる。また、該当するニューロンの名称としても利用。
y_j	隠れ層 j 番目のニューロンの出力を表す変数。また、該当するニューロンの名称としても利用。
z_k	出力層 k 番目のニューロンの出力を表す変数。また、該当するニューロンの名称としても利用。
$w_i^{\mathrm{H}j}$	入力層の i 番目のニューロン x_i から隠れ層の j 番目のニューロン y_j に向けられた矢の重み。ニューラルネットワークを定めるパラメーターである。
$w_j^{\mathrm{O}k}$	隠れ層の j 番目のニューロン y_j から出力層の k 番目のニューロン z_k に向けられた矢の重み。ニューラルネットワークを定めるパラメーターである。
$\theta^{\mathrm{H}j}$	隠れ層 j 番目にあるニューロンの閾値。ニューラルネットワークを定めるパラメーターである。
$\theta^{\mathrm{O}k}$	出力層 k 番目にあるニューロンの閾値。ニューラルネットワークを定めるパラメーターである。
$a^{\mathrm{H}j}$	隠れ層 j 番目のニューロンに関する入力の線形和。
$a^{\mathrm{O}k}$	出力層 k 番目のニューロンに関する入力の線形和。

ネットワークを式で表現

ニューラルネットワークの中のニューロンの関係を式で表現する準備ができました。早速、その関係式を作成してみましょう。

ところで、ネットワークを構成する各ニューロンは3章で調べた単独のニューロンと同じ働きをします。そこで、関係式の作り方について、新しい話はありません。ただし、多数のニューロンが現れるので、その分、式は複雑になります。

まず、隠れ層のニューロンについて調べましょう。下図は隠れ層1番目のニューロン y_1 について、変数の関係を示しています。

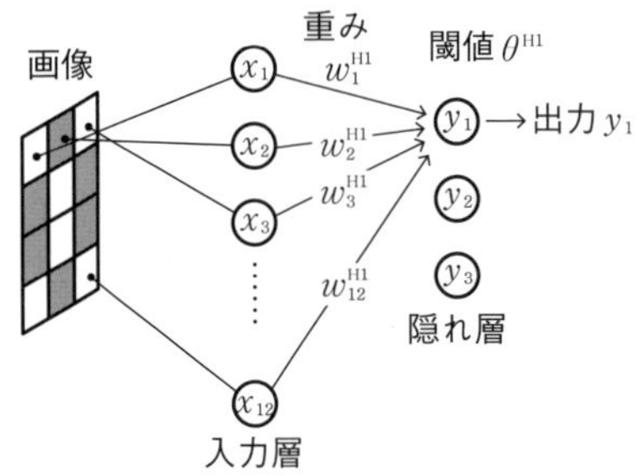

隠れ層の1番目のニューロンについて、その関係の変数を示す。

この図を参考にし、隠れ層についての全ての関係式が作成できます。

〔隠れ層のニューロンに関する入力の線形和と出力〕

$$\left.\begin{aligned} a^{H1} &= w_1^{H1} x_1 + w_2^{H1} x_2 + w_3^{H1} x_3 + \cdots + w_{12}^{H1} x_{12} - \theta^{H1} \\ a^{H2} &= w_1^{H2} x_1 + w_2^{H2} x_2 + w_3^{H2} x_3 + \cdots + w_{12}^{H2} x_{12} - \theta^{H2} \\ a^{H3} &= w_1^{H3} x_1 + w_2^{H3} x_2 + w_3^{H3} x_3 + \cdots + w_{12}^{H3} x_{12} - \theta^{H3} \end{aligned}\right\} \cdots (1)$$

$y_1 = \sigma(a^{H1})$、$y_2 = \sigma(a^{H2})$、$y_3 = \sigma(a^{H3})$　（σ はシグモイド関数）$\cdots$ (2)

次に、出力層のニューロンについて調べましょう。下図は出力層の1番目のニューロンについて、変数の関係を示しています。

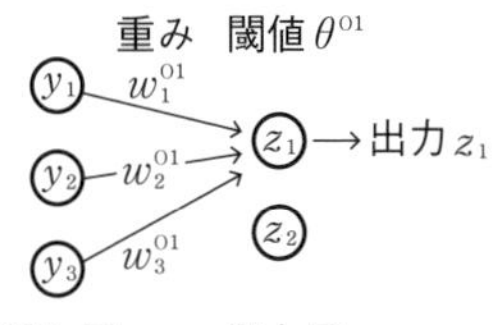

出力層の1番目のニューロンについて、その関係の変数を示す。

この図を参考にし、出力についての全ての関係式が作成できます。

〔出力層のニューロンの入力の線形和と出力〕

$$\left.\begin{aligned} a^{O1} &= w_1^{O1} y_1 + w_2^{O1} y_2 + w_3^{O1} y_3 - \theta^{O1} \\ a^{O2} &= w_1^{O2} y_1 + w_2^{O2} y_2 + w_3^{O2} y_3 - \theta^{O2} \end{aligned}\right\} \cdots (3)$$

$z_1 = \sigma(a^{O1})$、$z_2 = \sigma(a^{O2})$　（σ はシグモイド関数）… (4)

正解を変数化

画像を識別するための訓練データにおいて、各画像にはそれが何を意味するかの正解が付されています。今の〔テーマⅠ〕では、手書きの文字画像に「○」「×」のどちらかが付加されていることになります。ところで、「○」「×」では処理がしにくいので、計算しやすいように書き換えましょう。それが次の表に示す変数 t_1、t_2 の組です。

	意味	画像が「○」のとき	画像が「×」のとき
t_1	「○」の正解変数	1	0
t_2	「×」の正解変数	0	1

注　t は teacher の頭文字。教師データの正解なので、この変数名がよく用いられます。

このような組 t_1、t_2 で正解を表現すると、のちに紹介する誤差（→本章 §4）を定義しやすくなります。

1文字分の画像を作業用ワークシートに入力

ニューロン間の関係式が確認できました。訓練データの中の最初の1画像と正解について、順を追いながら処理してみましょう。まず作業用のワークシートに文字1個分の画像と正解を入力します。

例題1　先の節で入力した訓練データの1番目の画像を、これから作業するワークシートの入力層に入力しましょう。なお、入力層は画素値をそのまま出力します。また、入力層の左下に付された正解の欄には、左側に上記変数の t_1 を、右側に t_2 の値を入力します。

解　前節（§2）で得た訓練データから、1番目の画像を次図の形式で新しい計算用ワークシートにコピーします。

注　前節（§2）で訓練データを取り込んだシート名は「Data」としています（→78ページ）。

J3　=Data!J5

	G	H	I	J	K	L
1						
2		番号		1		
3		入力層		1	1	1
4				1	0	1
5				1	0	1
6				1	1	1
7		正解t1,t2				

訓練データの1番目の画像はJ3から始めることにする（→§2）。

次に、正解欄を作成します。先の表のt_1、t_2を約束にしたがって、下図のように入力します。

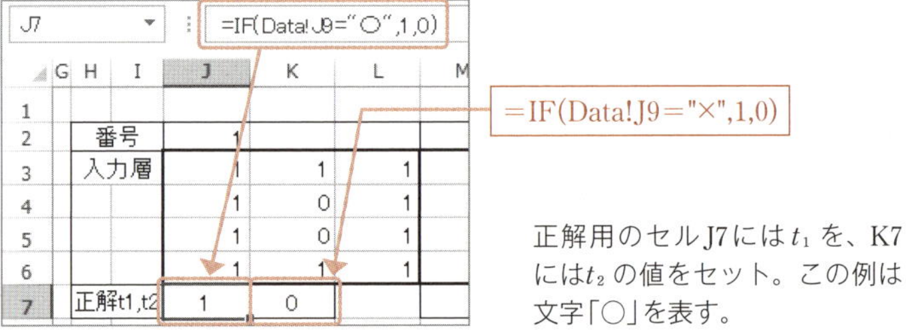

正解用のセルJ7にはt_1を、K7にはt_2の値をセット。この例は文字「○」を表す。

仮のパラメーターを設定

ニューラルネットワークの計算の目標はパラメーター、すなわち重みと閾値の決定です。計算の最初でそれらの値がわかるはずもありません。しかし、それらの値がないとExcelの計算が進まず、これからの作業ができません。そこで、仮の重みと仮の閾値を設定しましょう。とりあえずの値を入力して話を進めるのです。

例題2　重みと閾値の仮の値を入力しましょう。なお、この重みと閾値は次の形式で入力します。

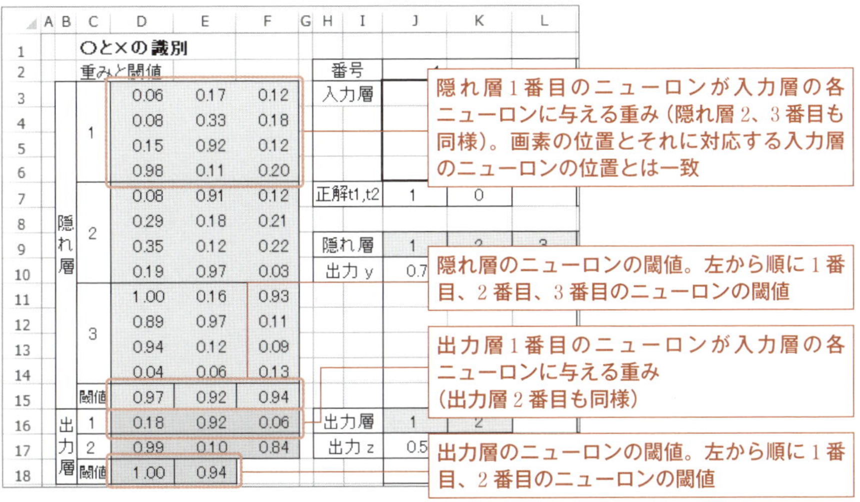

	B	C	D	E	F	I	J	K	L
1	○と×の識別								
2	重みと閾値					番号			
3	隠れ層	1	0.06	0.17	0.12	入力層			
4			0.08	0.33	0.18				
5			0.15	0.92	0.12				
6			0.98	0.11	0.20				
7		2	0.08	0.91	0.12	正解t1,t2	1	0	
8			0.29	0.18	0.21				
9			0.35	0.12	0.22	隠れ層	1		
10			0.19	0.97	0.03	出力 y			
11		3	1.00	0.16	0.93				
12			0.89	0.97	0.11				
13			0.94	0.12	0.09				
14			0.04	0.06	0.13				
15		閾値	0.97	0.92	0.94				
16	出力層	1	0.18	0.92	0.06	出力層	1	2	
17		2	0.99	0.10	0.84	出力 z			
18		閾値	1.00	0.94					

隠れ層1番目のニューロンが入力層の各ニューロンに与える重み（隠れ層2、3番目も同様）。画素の位置とそれに対応する入力層のニューロンの位置とは一致
隠れ層のニューロンの閾値。左から順に1番目、2番目、3番目のニューロンの閾値
出力層1番目のニューロンが入力層の各ニューロンに与える重み（出力層2番目も同様）
出力層のニューロンの閾値。左から順に1番目、2番目のニューロンの閾値

解　上の図に示された重みと閾値の領域の1つにRAND関数を入力します。RAND関数は0～1の乱数を発生させる関数です。

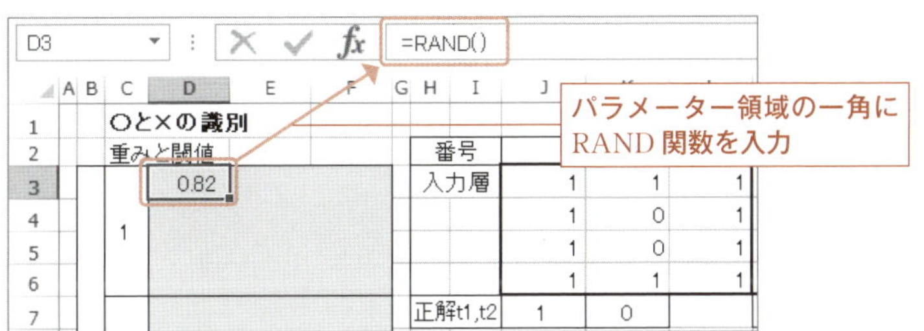

この関数をすべての重みと閾値の領域にコピーし、値を確定（値複写）します。こうして、上記のワークシートが得られます。

ニューラルネットワークの出力を計算してみよう

これまで入力した重みと閾値、そして1番目の画像を利用して、ニューラルネットワークの各ニューロンの出力を求めましょう。セル1個に対してニューロン1個が対応していることを確認しましょう。

例題3 これまでの準備のもとに、訓練データの1番目の画像について、隠れ層と出力層のニューロンの出力を算出しましょう。

解　式(1)〜(4)を用いて、隠れ層と出力層のニューロンの出力y_i $(i=1, 2, 3)$、z_j $(j=1, 2)$を算出しましょう。

J10　=1/(1+EXP(-SUMPRODUCT(J3:L6,$D$3:$F$6)+$D$15))

	A	B	C	D	E	F	G	H I	J	K	L
1			○と×の識別								
2			重みと閾値					番号	1		
3		隠れ層	1	0.06	0.17	0.12		入力層	1	1	1
4				0.08	0.33	0.18			1	0	1
5				0.15	0.92	0.12			1	0	1
6				0.98	0.11	0.20			1	1	1
7			2	0.08	0.91	0.12		正解t1,t2	1	0	
8				0.29	0.18	0.21					
9				0.35	0.12	0.22		隠れ層	1	2	3
10				0.19	0.97	0.03		出力 y	0.77	0.92	0.97
11			3	1.00	0.16	0.93					
12				0.89	0.97	0.11					
13				0.94	0.12	0.09					
14				0.04	0.06	0.13					
15			閾値	0.97	0.92	0.94					
16		出力層	1	0.18	0.92	0.06		出力層	1	2	
17			2	0.99	0.10	0.84		出力 z	0.51	0.67	
18			閾値	1.00	0.94						

右にコピー

=1/(1+EXP(−SUMPRODUCT($D$16:$F$16,J10:L10)+$D$18))

なお、仮の値で計算しているので、この出力値を議論するのは無意味です。

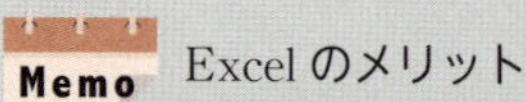

Excelのメリット

Excelでニューラルネットワークを実装するメリットは、式(1)〜(4)を知らなくても計算式が作れることです。ニューロンの働きを頭にイメージしていれば、そのイメージに従って直接ワークシートに関数を入力できます。

4 正解と出力の誤差

前節（§3）では、仮に与えられた重みと閾値を用いて、与えられた1枚の画像からニューラルネットワークの出力値を求めました。本節ではそこで算出した出力層の出力値が正解とどれだけ合致しているかを示す「目安」となる「平方誤差」について調べます。

ニューラルネットワークの出力値の意味

先に触れたように、〔テーマⅠ〕に示した出力層にある2つのニューロンは上から1番目が「○」を、2番目が「×」に反応するように意図されています。このことを念頭において、前節（§3）のニューラルネットワークの算出値を見てみましょう。

前節（§3）の〔例題3〕で取り上げた画像例は文字「○」を表しています。そこで、この場合、右の図のような出力を算出してくれるのが理想です。

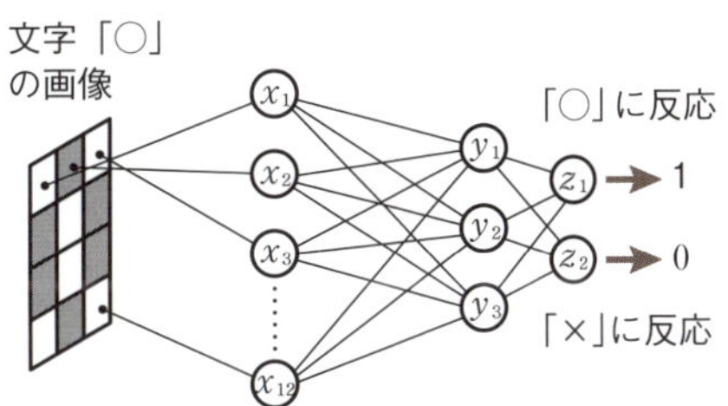

出力層の1番目のニューロンは「○」を、2番目は「×」を検知する役割。そこで、「○」が読まれたなら、$z_1 = 1$、$z_2 = 0$ と算出されることが望ましい。

しかし、前節の算出結果は、右の図の通りです。シグモイド関数を利用する限り、当然ですが出力値は0か1にはなりません。

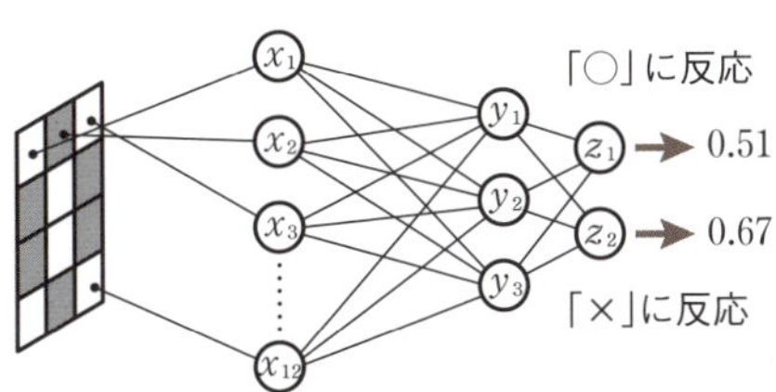

出力層の算出したこれら0.51、0.67とはどんな意味があるべきかを調べましょう。出力層のニューロンの出力z_1、z_2の値は、ニューラルネットワーク全体の結論です。また、シグモイドニューロンの出力値は、そのニューロンの「活性度」を表します(→3章§4)。今の場合、それはニューロンz_1、z_2の「確信度」と言い換えられるでしょう。すると、「○」の検知を役割とする出力層のニューロンz_1の値が図のように0.51ということは、「たぶん0.51程度で○である」とニューラルネットワーク全体が確信したと考えられます。「×」の検知を役割とする出力層のニューロンz_2の値が図のように0.67ということは、「たぶん0.67程度で×である」とニューラルネットワーク全体が確信したと考えられます。

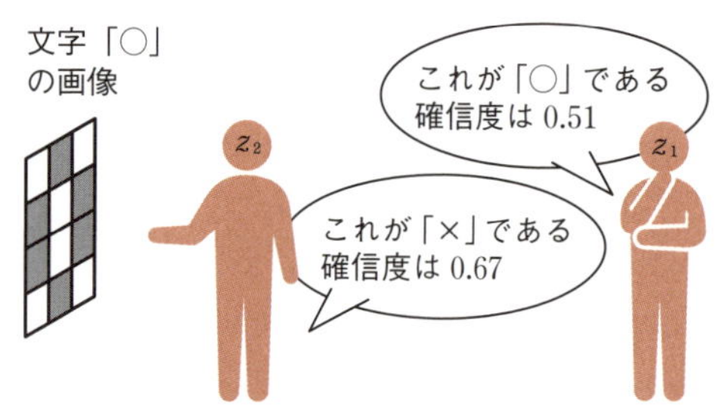

出力層z_1、z_2の値はニューラルネットワーク全体が「○の確信度は0.51」、「×の確信度は0.67」と判断したことになる。

注 この段階では「重み」、「閾値」は仮の値で、そのニューラルネットワークの算出値も仮の値です。そこで、z_1、z_2の値そのものを議論することに意味はありません。

正解とニューラルネットワークの出力の誤差

以上の話から大切なことが見えてきます。文字「○」が読まれたとき、z_1の出力値と1との差が小さければ小さいほど、また、z_2の出力値と0との差が小さければ小さいほど、ニューラルネットワークはよい結果を算出したことになります。

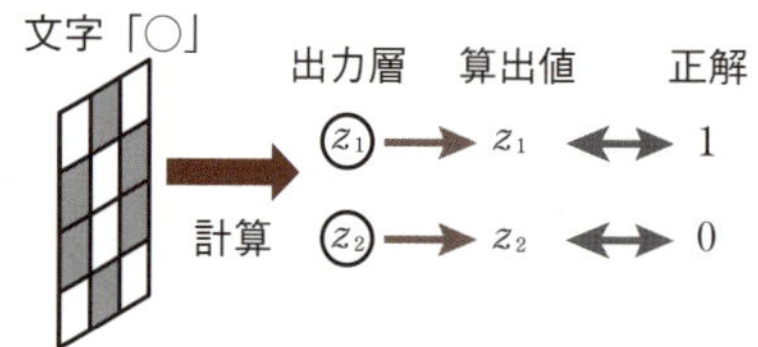

文字「○」が読まれたとき、算出値z_1と1との差が小さければ小さいほど、算出値z_2と0との差が小さければ小さいほど、よい算出結果。

そこで、文字「○」が読まれたときのニューラルネットワークの算出値の誤差の評価として、次の値 Q が考えられます。

文字「○」が読まれたとき：$Q=(1-z_1)^2+(0-z_2)^2$ … (1)

この値 Q が小さいとき、ニューラルネットワークは「よい値を算出した」ことになります。

文字「×」が読まれたときも同様です。z_1 の出力値と 0 との差が小さければ小さいほど、また、z_2 の出力値と 1 との差が小さければ小さいほど、ニューラルネットワークはよい結果を算出したことになります。

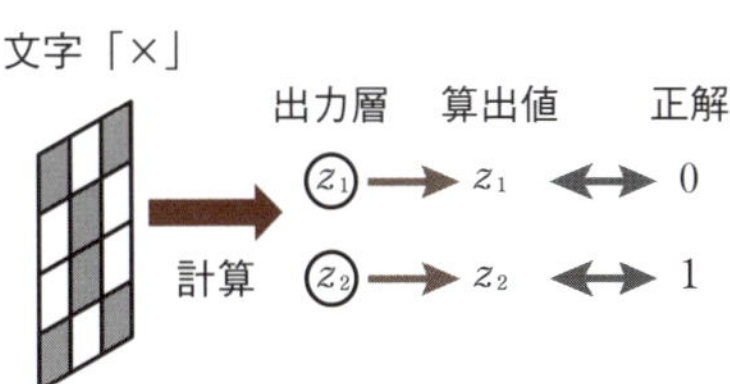

文字「×」が読まれたとき、算出値 z_1 と正解0との差が小さければ小さいほど、算出値 z_2 と正解1との差が小さければ小さいほど、よい算出結果。

そこで、文字「×」が読まれたときのニューラルネットワークの算出値の誤差の評価として、次の値 Q が考えられます。

文字「×」が読まれたとき：$Q=(0-z_1)^2+(1-z_2)^2$ … (2)

この値 Q が小さいとき、ニューラルネットワークは「よい値を算出した」ことになります。

以上の式 (1)(2) で定義した値 Q を、ニューラルネットワークの算出した値の**平方誤差**といいます。

注 文献によって、(1)(2) とは係数の違いがあります。多くの文献では誤差逆伝播法を意識して係数に1/2を付けています。

ここで、平方誤差 (1)(2) が、その言葉の示す通り、平方の和であることに留意してください。1 画像だけの誤差評価ならば、わざわざ 2 乗（すなわち平方）の計算をする必要はありません。しかし、データ全体の誤差を見積もるとき、平方和であることが大切です。単に出力値と正解との差だけをとると、データ全体で誤差の和が相殺されてしまい、正しい誤差の評価ができなくなるからです。このことは、2 章で調べた回帰分析と同じ事情です。

平方誤差の式表現

以上の誤差 (1)(2) の議論を図示すると、次のようになります。

○の文字画像　正解

z_1の正解 1
z_2の正解 0

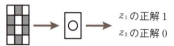

平方誤差 $Q=(1-z_1)^2+(0-z_2)^2$

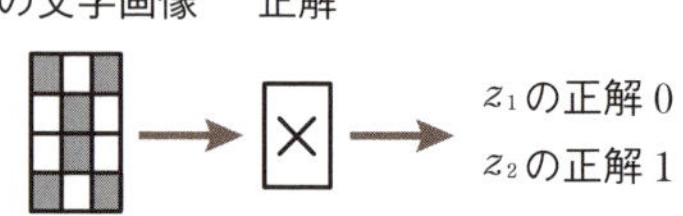

平方誤差 $Q=(0-z_1)^2+(1-z_2)^2$

ところで、前節（§3）では、画像の正解を表すのに変数t_1、t_2の組を用意しました。これは次の表の意味を持つ変数です。

	意味	画像が「○」のとき	画像が「×」のとき
t_1	「○」の正解変数	1	0
t_2	「×」の正解変数	0	1

この正解の組t_1、t_2を用いると平方誤差Qの式 (1)(2) は次のように1つにまとめられます。

$$Q=(t_1-z_1)^2+(t_2-z_2)^2 \quad \cdots (3)$$

実際、例えば「×」の文字が読まれたとき、$t_1=0$、$t_2=1$であり、式 (3) は次のようになります。

$$Q=(0-z_1)^2+(1-z_2)^2$$

これは式 (2) に一致します。

このように平方誤差を1つの式 (3) として表現しておくと、Excel に式を入力する際に便利です。

平方誤差を Excel で計算してみよう

これまで調べてきたことを実際に Excel で確認しましょう。

例題 前節（§3）で算出したニューラルネットワークの出力値から平方誤差Qを求めましょう。

注 この節の例題のワークシートは、ダウンロードサイト（→8ページ）に掲載されたファイル「4.xlsx」の中の「例題」タブに収められています。

解 式(3)を用いると、いま調べている画像についての平方誤差Qは次のように求められます。

J20 =SUMXMY2(J7:K7,J17:K17)

	A	B	C	D	E	F	G	H	I	J	K	L
1			○と×の識別									
2			重みと閾値					番号		1		
3		隠れ層	1	0.06	0.17	0.12		入力層		1	1	1
4				0.08	0.33	0.18				1	0	1
5				0.15	0.92	0.12				1	0	1
6				0.98	0.11	0.20				1	1	1
7			2	0.08	0.91	0.12		正解t1,t2		1	0	
8				0.29	0.18	0.21						
9				0.35	0.12	0.22		隠れ層		1	2	3
10				0.19	0.97	0.03		出力 y		0.77	0.92	0.97
11			3	1.00	0.16	0.93						
12				0.89	0.97	0.11						
13				0.94	0.12	0.09						
14				0.04	0.06	0.13						
15			閾値	0.97	0.92	0.94						
16		出力層	1	0.18	0.92	0.06		出力層		1	2	
17			2	0.99	0.10	0.84		出力 z		0.51	0.67	
18			閾値	1.00	0.94							
19										誤差Q		
20					Q_T					0.691		

式(3)を利用して、算出値の平方誤差が得られる

注 単純に見積もると、平方誤差Qは0から2までの数値になります。当然ですが、0に近いほど誤差が小さいことになります。

Memo 平方誤差とSUMXMY2関数

Excelに備えられているSUMXMY2関数は平方誤差を算出する際に強力な武器になります。使い方については2章§1で調べましたが、上記ワークシートでその便利さを実感されると思います。

§5 ニューラルネットワークの目的関数

前節（§4）では、1つの画像とその正解からニューラルネットワークが算出する出力値と正解との平方誤差を算出しました。本節では、この誤差を訓練データ全体について加え合わせてみましょう。

モデルの最適化

これまでは、重みと閾値に仮の値を利用してきました。では、これらの値はどのように決定されるのでしょうか？

一般的に、データを分析するための数学モデルはパラメーターで規定されます。2章§4では、その典型例として回帰分析を調べました。回帰分析では、回帰係数とその切片がパラメーターの役割を果たします。そして、そのパラメーターをデータにできるだけフィットするように決定する問題を**最適化問題**と呼ぶことを確認しました。

ニューラルネットワークの決定も、最適化問題の一つです。モデルのパラメーターである「重み」と「閾値」を訓練データにできるだけ合致するように決定する

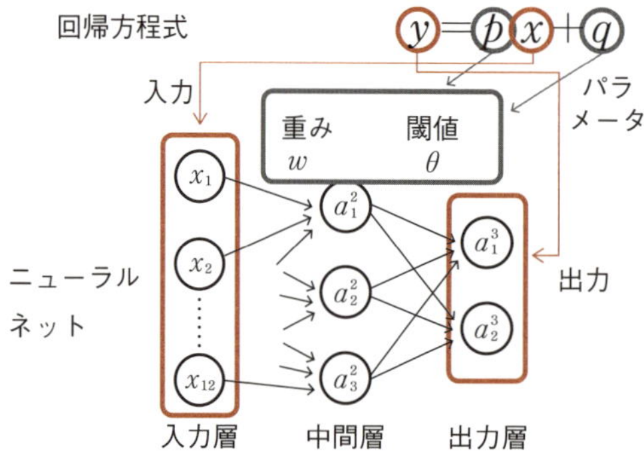

回帰分析でも、ニューラルネットワークでも、モデルの定め方は同一。回帰方程式の「回帰係数」、「切片」に相当するのがニューラルネットワークの「重み」と「閾値」。

のが目標になるわけです。すなわち、重みと閾値は回帰分析と同じように決定されるのです。誤差の総和を最小にするようにパラメーターは決められます。

では、このシナリオに準じて、これまで調べてきたニューラルネットワークの重みと閾値を決定していきましょう。この節では、訓練データ全体についての平方誤差 Q の総和がどのように求められるかを調べます。

ニューラルネットワークの目的関数

回帰分析でも調べましたが（→2章 §4）、データ全体について平方誤差 Q を加え合わせ値 Q_T を**目的関数**と呼びます。いま考えている〔テーマⅠ〕のニューラルネットワークについて、その目的関数を式として示してみましょう。

前節（§4）で調べたように、1つの画像について、ニューラルネットワークの算出値と正解との誤差は次のように与えられます。

$$Q=\{(t_1-z_1)^2+(t_2-z_2)^2\} \quad \cdots (1)$$ （§4の式(3)再掲）

ところで、訓練データのどの手書き文字画像に関するものなのか、この記号ではわかりません。そこで、k 番目の画像の平方誤差を次のように表すことにします。

$$Q_k=\{(t_1[k]-z_1[k])^2+(t_2[k]-z_2[k])^2\} \quad (k=1, 2, \cdots, 64) \quad \cdots (2)$$

ここで、$t_1[k]$、$t_2[k]$ は k 番目の手書き文字画像の正解を、$z_1[k]$、$z_2[k]$ は k 番目の手書き文字画像に対するニューラルネットワークの出力層ニューロンの算出値を表します。また、値64はいま調べている訓練データの大きさ、すなわち画像の枚数です。

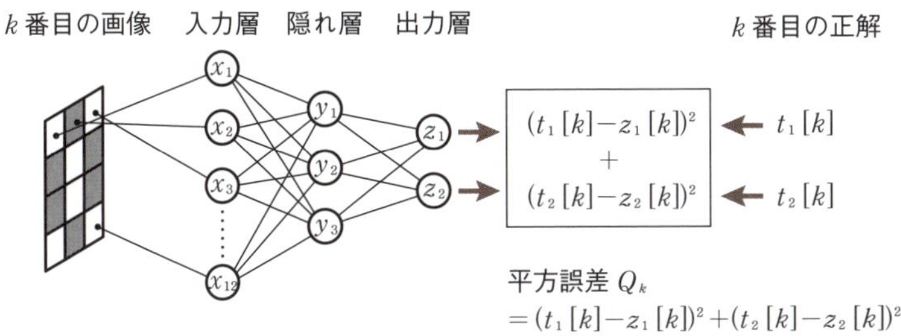

ニューラルネットワークを決定するために与えられた画像と正解のセット全体について、この Q_k を加え合わせたものが、訓練データ全体の誤差と考えられます。これがニューラルネットワークの目的関数 Q_T となります。

$$Q_T = Q_1 + Q_2 + \cdots + Q_{64} \quad \cdots (3)$$

ここで、64は訓練データに含まれる手書き画像の枚数です。

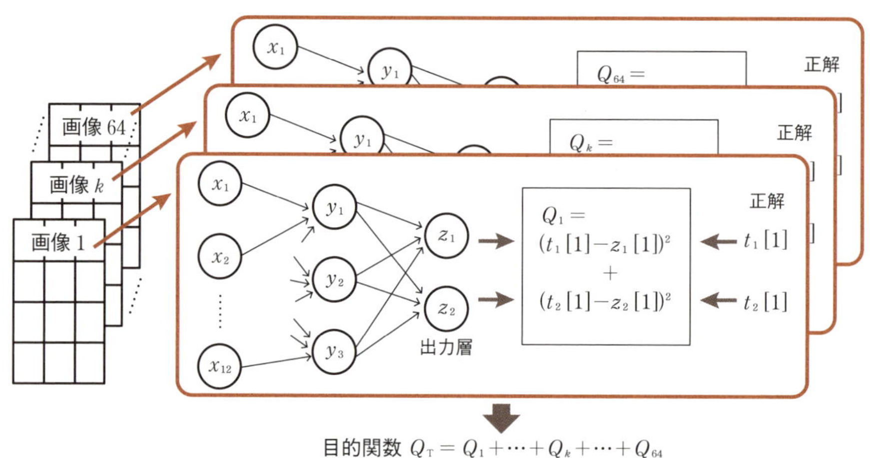

目的関数の求め方。各画像についての平方誤差の総和が目的関数。

ちなみに、式(3)を重みと閾値の具体的な関数式で表現するのは現実的に無理です。

目的関数を Excel で計算してみよう

実際に、いま調べている〔テーマⅠ〕に対するニューラルネットワークの目的関数の値を Excel で求めてみます。

例題 前節(§4)のワークシートで得られた1つの画像についての平方誤差を、訓練データ全体について加え合わせましょう。

注 この節の例題のワークシートは、ダウンロードサイト(→8ページ)に掲載されたファイル「4.xlsx」の中の「例題」タブに収められています。

解 これまでは訓練データの1番目の画像について、各ニューロンの出力値を算出し、平方誤差を求めてきました。目的関数は全訓練データについての平方誤差の和なので、この1番目の画像について行った処理を全データについて実行しなければなりません。表計算ソフトの便利なところは、この処理をコピー操作で行えることです。下図のように、1番目の画像について行った処理を全画像についてコピーすればよいのです。

	H I	J	K	L	M	N	O	…	GQ	GR	GS
1											
2	番号	1			2				64		
3	入力層	1	1	1	0	1	1		0	0	1
4		1	0	1	1	0	1		1	0	1
5		1	0	1	1	0	1		0	1	0
6		1	1	1	1	1	1		1	0	0
7	正解t1,t2	1	0		1	0			0	1	
8											
9	隠れ層	1	2	3	1	2	3		1	2	3
10	出力 y	0.77	0.92	0.97	0.76	0.91	0.92		0.79	0.50	0.76
11											
12											
13											
14											
15											
16	出力層	1	2		1	2			1	2	
17	出力 z	0.51	0.67		0.51	0.66			0.41	0.63	
18											
19		誤差 Q			誤差 Q				誤差 Q		
20		0.69			0.68				0.31		

右にコピー

コピーが終了したなら、目的関数 (3) を算出します。上の図で求めた平方誤差 Q を SUM 関数で総和します。

Memo パラメーターの決め方

モデルのパラメーターを決定するには目的関数を最小化するという方法がニューラルネットワークではよく利用されます。パラメーターの決定には、他に**最尤推定法**と呼ばれる方法もあります。確率的に最も起こりやすいパラメーターを真の値とする決定法です。

F20 =SUM(J20:GS20)

	A	B	C	D	E	F	G	H	I	J	K	GQ	GR	GS
1			○と×の識別											
2			重みと閾値					番号		1		64		
3		隠れ層	1	0.06	0.17	0.12		入力層		1	1	0	0	1
4				0.08	0.33	0.18				1	0	1	0	1
5				0.15	0.92	0.12				1	0	0	1	0
6				0.98	0.11	0.20				1	1	1	0	0
7			2	0.08	0.91	0.12		正解t1,t2		1	0	0	1	
8				0.29	0.18	0.21								
9				0.35	0.12	0.22		隠れ層		1	2	1	2	3
10				0.19	0.97	0.03		出力 y		0.77	0.92	0.79	0.50	0.76
11			3	1.00	0.16	0.93								
12				0.89	0.97	0.11								
13				0.94	0.12	0.09								
14				0.04	0.06	0.13								
15			閾値	0.97	0.92	0.94								
16		出力層	1	0.18	0.92	0.06		出力層		1	2	1	2	
17			2	0.99	0.10	0.84		出力 z		0.51	0.67	0.41	0.63	
18			閾値	1.00	0.94									
19										誤差 Q		誤差 Q		
20					Q_T	31.19				0.69		0.31		

先にも述べたように、この目的関数の値 Q_T は仮の重みと仮の閾値から得られたものです。したがって、この段階で目的関数の値の議論をするのは無意味です。

Memo 「教師なし学習」は難しい

ここで調べているニューラルネットワークのパラメーターの決め方は**教師あり学習**といわれます。正解が与えられているからです。ところで、宇宙人から届けられた文字画像の解読を例として考えればわかるように、その文字画像が何種類からできていて、そして正しい答えが何かなどは不明です。このような情報から正しく文字認識をするのは、教師あり学習よりもはるかに困難です。このような場合のパラメーターの決め方を**教師なし学習**といわれます。

§ 6 ニューラルネットワークの最適化

前節（§5）では、重みと閾値が与えられたときに、ニューラルネットワークの算出値と正解との誤差の総和（＝目的関数）の求め方を調べました。本節では、それを最小化し、実際に重みと閾値を求めてみましょう。

最適化の実行

前の節（§5）で得られた目的関数を用いて、ニューラルネットワークの重みと閾値を求めましょう。この操作を数学の世界では一般的に「最適化」と呼びますが、ニューラルネットワークでは**学習**と呼ぶことがあります。

最適化には、通常、そのための数学の知識が必要になります。しかし幸運なことに、いま調べている〔テーマⅠ〕のような単純なニューラルネットワークならば、Excel のソルバーを用いて簡単に最適化を行うことができます。数学上の技法は何も知らなくてよいのです。

Excel で目的関数を最小化

前節（§5）で求めた目的関数 Q_T を Excel のソルバーを利用して最小化してみましょう。なお、Excel ソルバーの利用法は 2 章 §3、2 章 §4 を参照してください。

例題 これまで作成してきたワークシートを利用して、目的関数をソルバーで最小化してみましょう。

注 この節の例題のワークシートは、ダウンロードサイト（→8ページ）に掲載されたファイル「4.xlsx」の中の「例題」タブに収められています。

解　ソルバーを呼び出し、目的関数のセルを「目的セル」に指定し、「重み」と「閾値」を「変数セル」に指定します。なお、「重み」も「閾値」もモデルに忠実にするために、非負数にしています。生命世界では、負のパラメーターは存在しないからです。

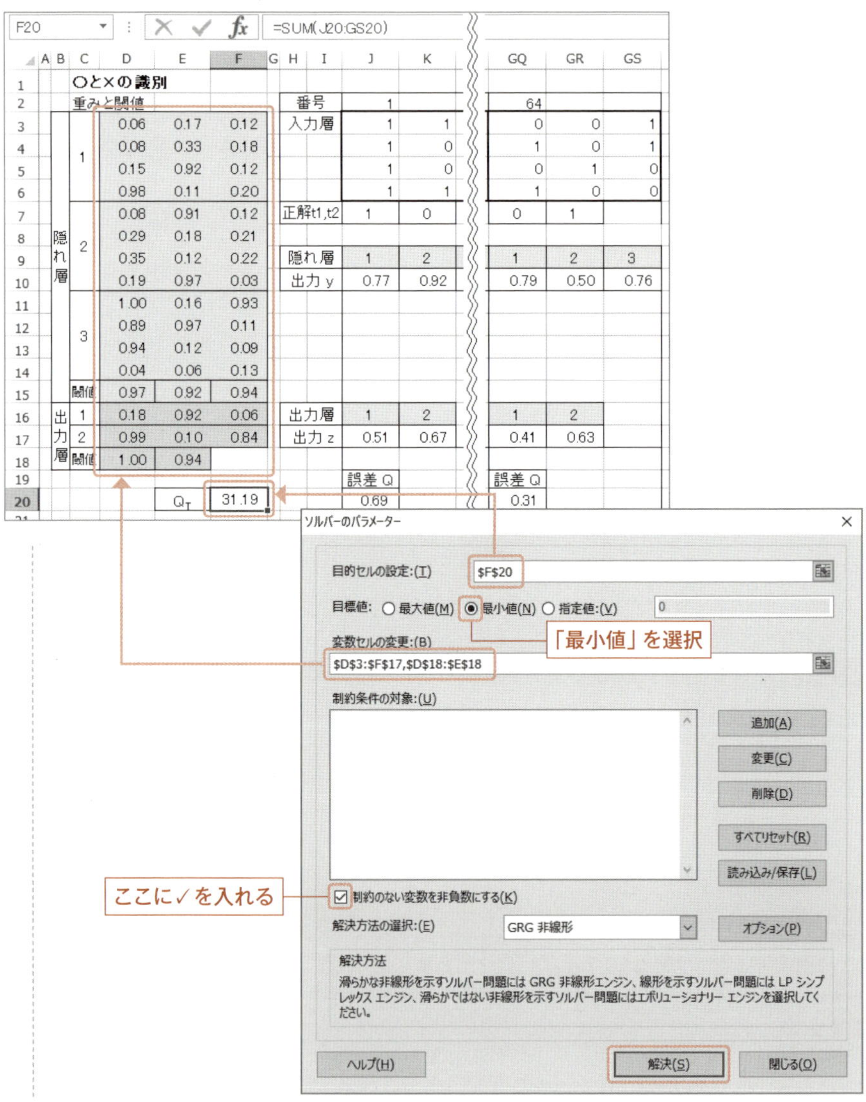

F20　=SUM(J20:GS20)

	B	C	D	E	F	H・I	J	K	GQ	GR	GS
1	○と×の識別										
2	重みと閾値					番号	1		64		
3	隠れ層	1	0.06	0.17	0.12	入力層	1	1	0	0	1
4			0.08	0.33	0.18		1	0	1	0	1
5			0.15	0.92	0.12		1	0	0	1	0
6			0.98	0.11	0.20		1	1	1	0	0
7		2	0.08	0.91	0.12	正解t1,t2	1	0	0	1	
8			0.29	0.18	0.21						
9			0.35	0.12	0.22	隠れ層	1	2	1	2	3
10			0.19	0.97	0.03	出力 y	0.77	0.92	0.79	0.50	0.76
11		3	1.00	0.16	0.93						
12			0.89	0.97	0.11						
13			0.94	0.12	0.09						
14			0.04	0.06	0.13						
15		閾値	0.97	0.92	0.94						
16	出力層	1	0.18	0.92	0.06	出力層	1	2	1	2	
17		2	0.99	0.10	0.84	出力 z	0.51	0.67	0.41	0.63	
18		閾値	1.00	0.94							
19							誤差 Q		誤差 Q		
20				Q_T	31.19		0.69		0.31		

ソルバーの計算が成功すると、下図のように重みと閾値が求められます。

	A	B	C	D	E	F
1			○と×の識別			
2			重みと閾値			
3		隠れ層	1	0.26	0.00	0.92
4				0.00	2.51	0.03
5				0.00	6.52	0.00
6				4.75	0.00	0.26
7			2	0.05	4.97	0.04
8				0.57	0.00	0.37
9				0.68	0.03	0.40
10				0.01	5.00	0.02
11			3	2.92	0.00	2.13
12				0.00	5.24	0.00
13				0.00	0.06	0.02
14				0.02	0.00	0.03
15			閾値	10.65	4.01	7.69
16		出力層	1	0.00	11.57	0.05
17			2	14.75	0.00	10.51
18			閾値	5.66	6.07	
19						
20					Q_T	0.00

ソルバーの算出値。目的関数 Q_T の値が0になっているので、この解は十分データにフィットしていることがわかる。
なお、この結果のワークシートは、ダウンロードサイト(→8ページ)に掲載されたファイル「4.xlsx」の中の「例題_学習済」タブに収められている。

Memo

計算結果は初期値に依存

数学的にいえば、目的関数 Q_T を最小とするパラメーターが最良のパラメーターということになります。しかし、ニューラルネットワークなどのような複雑なモデルになると、「Q_T の最小値」が不明なのです。パラメーターの初期値をいろいろ変更し、その中で最小なものを最善の解とするしか方法はありません。

ところで、初期値をいろいろと変えると、「Q_T の最小値」は安定していきますが、パラメーターの値は時々に変化します。困ったことにも思えますが、生物学的には当然ともいえます。同じ考えに至るにしても、さまざまな思考過程があることに似ているからです。1章でも調べましたが、ニューラルネットワークを理解することで、動物の知能の理解にも役立つ応用例の一つといえるでしょう。

最適化されたパラメーターを解釈

Excelでニューラルネットワークの計算をする最大のメリットは、算出結果を視覚的にすぐに確かめられることです。本節では、そのメリットを生かし、隠れ層、出力層の中身を見てみましょう。データ分析という観点からすると、最も興味深い課題になります。

大きな重みに焦点を当てると

先の節（§6）で決定された重みと閾値はニューラルネットワークを決定するパラメーターです。その中で、「重み」はニューロンがその隣の層のニューロンと結ぶ結合の強さを表しています。すなわち、情報交換のパイプの太さを表現しています。そこで、先の結果を用いて、大きさの順で上位2つの重みの値を取り上げ、他は無視した表を作成してみましょう（小数は四捨五入し、0になるものは無条件に無視）。

■隠れ層

ニューロン番号	重みの値		
1			
		7	
	5		
2		5	
		5	
3	3		
		5	

■出力層

ニューロン番号	重みの値		
1		12	
2	15		11

出力層の1番目のニューロンに関する重みは、1つ以外すべて0なので無視する。ちなみに、このような雑音除去を実質的に担うのが閾値の役割。

次に、この表に示された重みに関係するニューロンを矢で結んでみましょう。出力層のニューロン1と2に分けてネットワークを図示すると、次のようになります。それが右上の図です。この図から、算出結果が読み解けます。

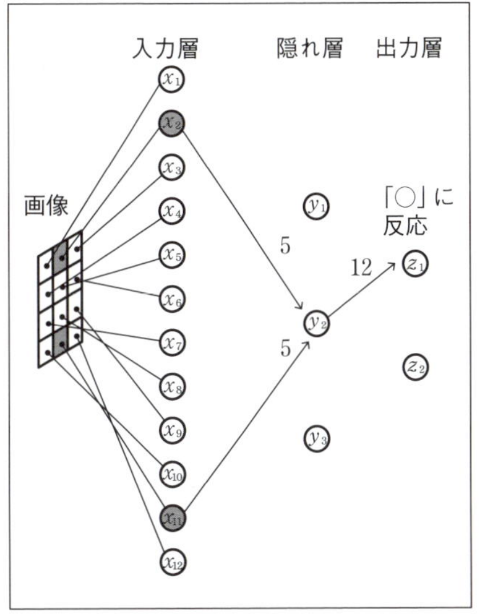

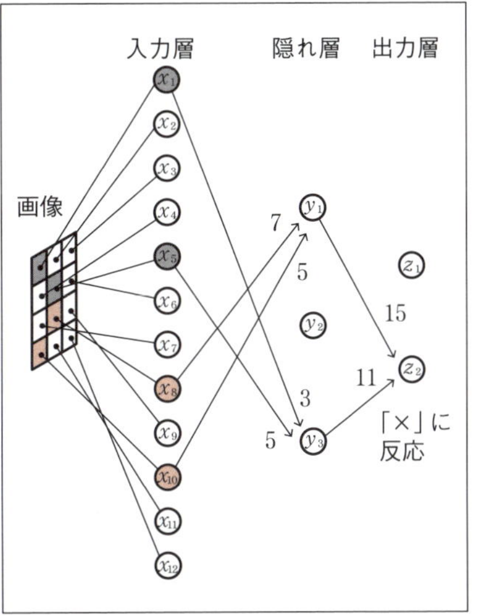

隠れ層のニューロンの重みと特徴抽出

上の図において、まず入力層と隠れ層の結び付きを見てみましょう。隠れ層 y_1 には入力層の画素の組 $(x_8$、$x_{10})$ が強く結び付いていることがわかります。また、隠れ層 y_2 には入力層の画素の組 $(x_2$、$x_{11})$ が、隠れ層 y_3 には入力層の画素の組 $(x_1$、$x_5)$ が強く結び付いていることがわかります。

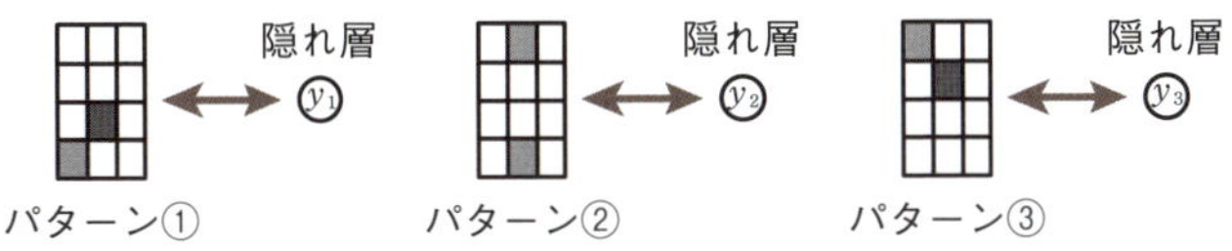

上の図のように、画素の組を順にパターン①、②、③と名付けましょう。すると、これらのパターンを持つ画像が読み込まれたなら、該当パターンと強く結びついた隠れ層のニューロンが興奮する（すなわち、出力が1に近い）ことになります。すると、隠れ層のニューロンの出力（すなわち興奮度）を調べれば、画像の中にパターン①～③が含まれるかどうかを判別できることになるのです。

隠れ層のニューロンは、このように重みを調整することで画像の中のパターン①〜③を抽出するのです。先に「隠れ層は特徴抽出する」と述べましたが（→§1、2)、このようなしくみでその機能を果たしているのです。

注 このことを知った上で本章§1を読むと、そこで調べた「検知係」の意味がよく分かることでしょう。

出力層のニューロンは特徴抽出されたパターンから文字を判断

次に出力層を見てみましょう。最初にニューロン z_1 を調べます。このニューロンは「○」に興奮する（すなわち、出力が1に近い）ことが期待されています。前のページの上の図で矢をたどると、ニューロン z_1 と強く結びついている隠れ層のニューロンは y_2 です。ところで、そのニューロン y_2 は先に示した図のパターン②と強く結びついています。ということは、出力層のニューロン z_1 は、パターン②を用いて、画像が「○」かどうかを判定していることになります。

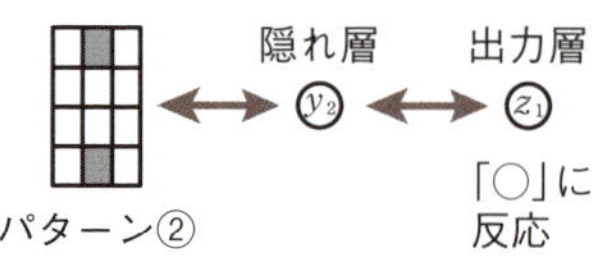

ニューロン z_1 は前のページの図のパターン②から画像が「○」の判定をしている。

今度はニューロン z_2 を調べましょう。z_2 は「×」に興奮する（すなわち、出力が1に近い）ことが期待されているニューロンです。ニューロン z_2 と強く結びついているのは隠れ層のニューロン y_1 と y_3 です。その y_1 は先の図のパターン①と、y_3 は先の図のパターン③とに強く結びついています。ということは、出力層のニューロン z_2 は、パターン①と③を組み合わせて、画像が「×」かどうかを判定していることになります。

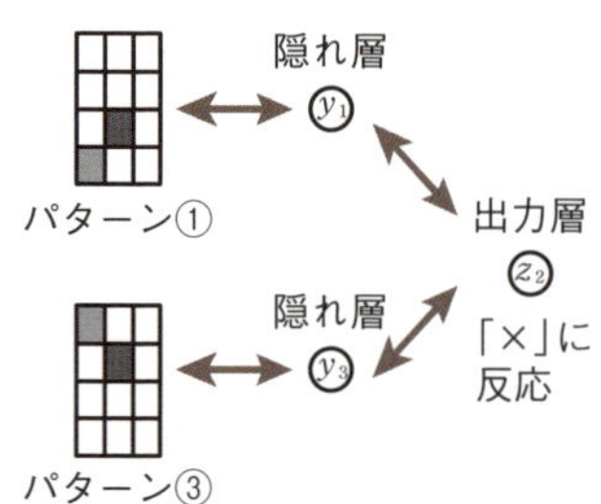

ニューロン z_2 は前の図のパターン①、③から画像が「×」か判定をしている。

特徴抽出されたパターンの意味

パターン①を具体的な手書き文字「○」と「×」とで対比させてみましょう。いま述べたように、パターン①は「×」の判定に利用されますが、それは下図のように文字「×」に含まれ、「○」に含まれていない「部品」です。

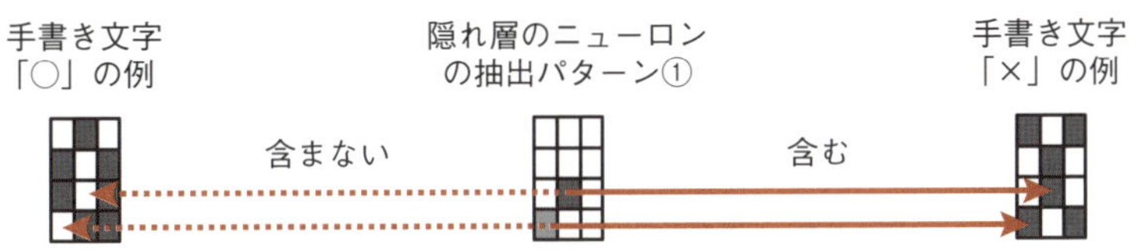

パターン②についても同様です。先に述べたように、パターン②は「○」の判定に利用されますが、実際それは下図のように文字「○」に含まれ、「×」に含まれていない「部品」です。

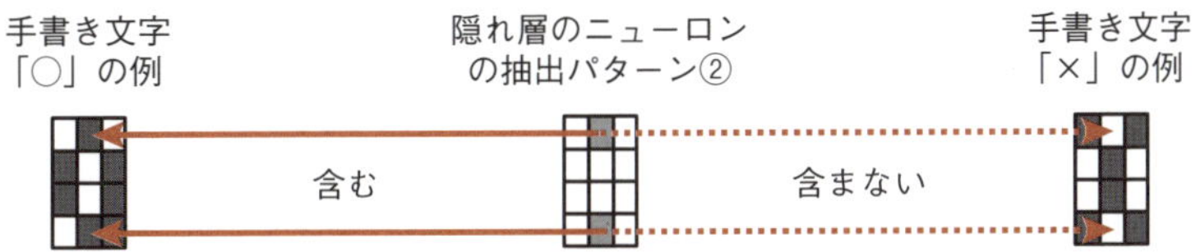

抽出パターン③についても同様です。抽出パターン③は「×」の判定に利用されますが、実際それは下図のように文字「×」に含まれ、「○」に含まれていない「部品」です。

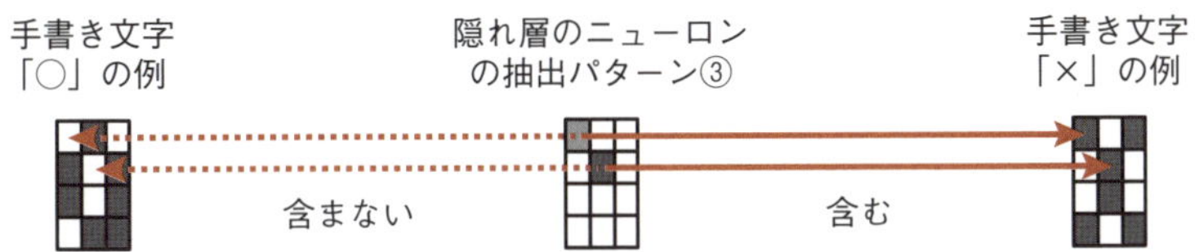

こうして、ニューラルネットワークの出力層がどのように入力文字画像の「○」か「×」かを判定するしくみの全貌が見えました。特徴的な「部品」（パターン）の有無で判断を下していたわけです。

得られた結論は大変常識的です。原理的には人と同じことを実行しているわけです。本章の最初（§1）に擬人的な説明をしたことが、Excel の計算で確かめられたのです。

閾値の意味は視覚化できない

これまでは、算出結果の「重み」を調べてきました。次に「閾値」について見てみることにしましょう。先の〔例題〕の計算結果は次の値です。

隠れ層の閾値		
1	2	3
10.65	4.01	7.69

出力層の閾値	
1	2
5.66	6.07

これらの値は、「重み」のときのようには視覚化できません。というのも、これらのパラメーターは最適化のための「黒子」の存在だからです。

例として、出力層の1番目のニューロン z_1 について調べてみましょう。そのニューロンの入力の線形和 a^{O1} は次のように表現されます。ここで、その θ^{O1} はニューロンの閾値です（→本章 §3）。

$$a^{O1} = w_1^{O1} y_1 + w_2^{O1} y_2 + w_3^{O1} y_3 - \theta^{O1} \quad \cdots (1)$$

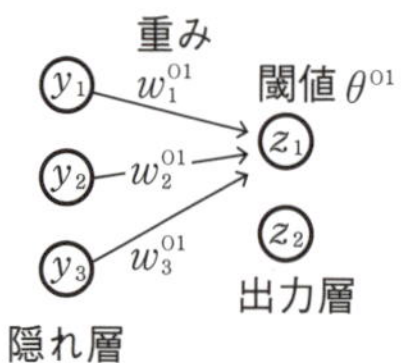

出力層1番目のニューロン z_1 について、その入力の線形和 a^{O1} を書き下すための図。このニューロン z_1 は手書き文字「○」を検知するためのニューロンである。

いま、「○」と「×」の手書き文字の画像が各々1枚ずつ読まれ、式(1)の「$w_1^{01}y_1+w_2^{01}y_2+w_3^{01}y_3$」の部分の値が仮に8、3と得られたとします。

「○」のとき：$w_1^{01}y_1+w_2^{01}y_2+w_3^{01}y_3=8$

「×」のとき：$w_1^{01}y_1+w_2^{01}y_2+w_3^{01}y_3=3$

注 「○」に強く反応することを期待されているニューロン z_1 では、当然「○」の入力されたときの値は、「×」の入力されたときの値より大きくなります。

「○」が入力されたときの式(1)の値を a^{01}(○)、「×」が入力されたときの式(1)の値を a^{01}(×)とし、そのニューロン出力を順に z_1(○)、z_1(×)としましょう。すると、これらは式(1)から次のように表せます。ここで $\sigma(a)$ はシグモイド関数です。

「○」のとき：a^{01}(○)$=8-\theta^{01}$、z_1(○)$=\sigma(a^{01}$(○)$)$

「×」のとき：a^{01}(×)$=3-\theta^{01}$、z_1(×)$=\sigma(a^{01}$(×)$)$

すると、閾値の大小によって、次の図の位置関係が生まれます。

$\theta^{01}=10$(閾値大)

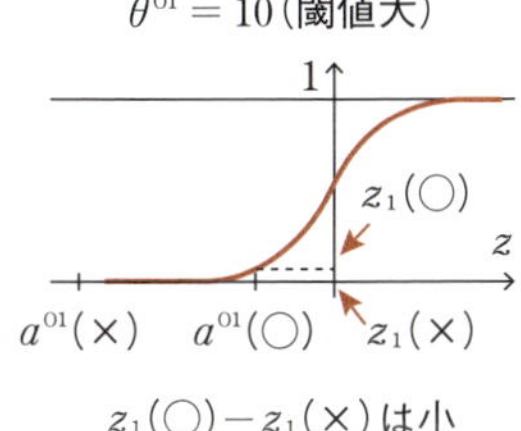

z_1(○)$-z_1$(×)は小

$\theta^{01}=5.66$(閾値最適)

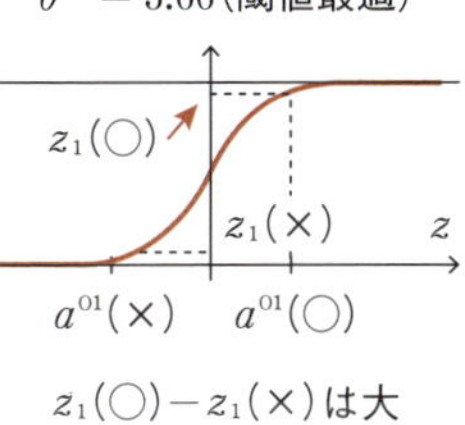

z_1(○)$-z_1$(×)は大

$\theta^{01}=0.1$(閾値小)

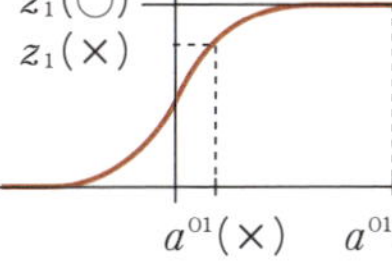

z_1(○)$-z_1$(×)は小

この図からわかるように、真ん中の図のように「閾値」θ^{01} を設定すると、「○」と「×」に対するニューロンの出力差が大きくなります（左右の図の場合には出力差 z_1(○)$-z_1$(×)が小さく、区別がつきにくくなっています）。閾値を調整することで、「○」と「×」の違いがより鮮明に区別できるようになるのです。

こうして、閾値のニューラルネットワークにおける意味がわかりました。活性化関数を利用したニューロンによる識別をしやすくするために、各ニューロンの出力の違いを目立たせるように調整する役割を担っているのです。これはニューロン間の結びつきを表す「重み」では担えない役割です。

ニューラルネットワークをテストしよう

これまで、訓練データを用いて、ニューラルネットワークを決定してきましたが、それはあくまで「訓練」用です。新しい画像に出会ったとき、そのニューラルネットワークが本当に正しい判定ができるかを調べましょう。

注 この節の例題のワークシートは、ダウンロードサイト（→8ページ）に掲載されたファイル「4.xlsx」の中の「テスト」タブに一括して収められています。

新しい画像を入力

前の節（§6）で決定したニューラルネットワークが正しく動作することを次の例題で確認しましょう。

例題1 右に示すテスト用手書き文字の画像について、これまでに作成したニューラルネットワークが「○」か「×」かのどちらに判定するか調べてみましょう。

解 結果を示しましょう。

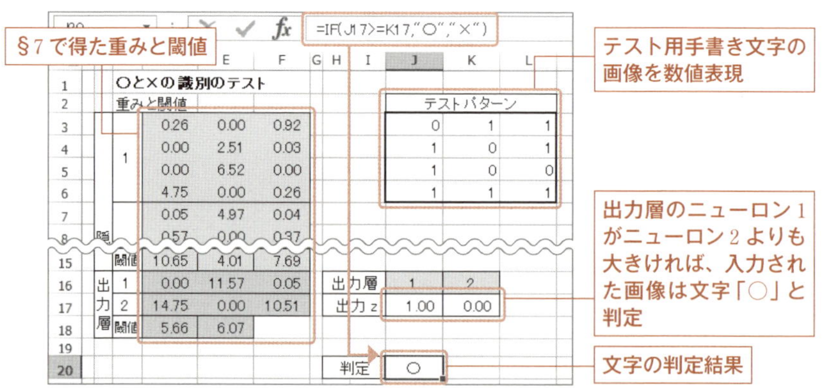

このテスト用の手書き文字は、ドット落ちしていて、○か×かは正確には判定できません。しかし、人ならば「○」と判定するでしょう。ところで、このワークシートも「○」と判定しています。前節までに確定したニューラルネットワークは、人と同様の判断を下したことになります。

例題 2 右に示すテスト用手書き文字の画像について、これまでに作成したニューラルネットワークが「○」か「×」かのどちらに判定するか調べてみましょう。

解 結果を示しましょう。

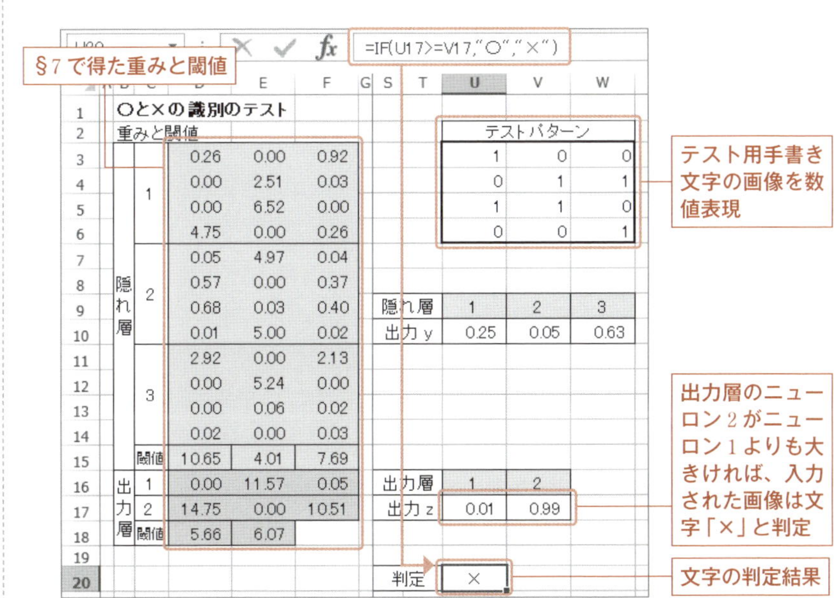

		D	E	F
隠れ層	1	0.26	0.00	0.92
		0.00	2.51	0.03
		0.00	6.52	0.00
		4.75	0.00	0.26
	2	0.05	4.97	0.04
		0.57	0.00	0.37
		0.68	0.03	0.40
		0.01	5.00	0.02
	3	2.92	0.00	2.13
		0.00	5.24	0.00
		0.00	0.06	0.02
		0.02	0.00	0.03
	閾値	10.65	4.01	7.69
出力層	1	0.00	11.57	0.05
	2	14.75	0.00	10.51
	閾値	5.66	6.07	

テストパターン		
1	0	0
0	1	1
1	1	0
0	0	1

隠れ層	1	2	3
出力 y	0.25	0.05	0.63

出力層	1	2
出力 z	0.01	0.99

このテスト用の手書き文字は、人ならば「×」と判定するでしょう。ところで、このワークシートも「×」と判定しています。前節までに確定したニューラルネットワークは、先の〔例題 1〕同様、人と同様の判断を下したことになります。

現実の手書き文字にニューラルネットワークを応用

これまでは、大変簡単な手書き文字の画像データについて、ニューラルネットワークを適用してきました。しかし、現実のデータに対しては、本節で見たニューラルネットワークには困難が生じます。それを調べましょう。

実際の手書き文字にニューラルネットワークを適用

現実の手書き数字を区別するには、これまで調べてきたような4×3の解像度の画像では役に立ちません。例えば、右の文字は手書き数字「1」「2」ですが、この小さな画像でさえ解像度は9×9画素が必要です。実際、拡大すると、次の図に示すように9×9のマスに何とか収まります。

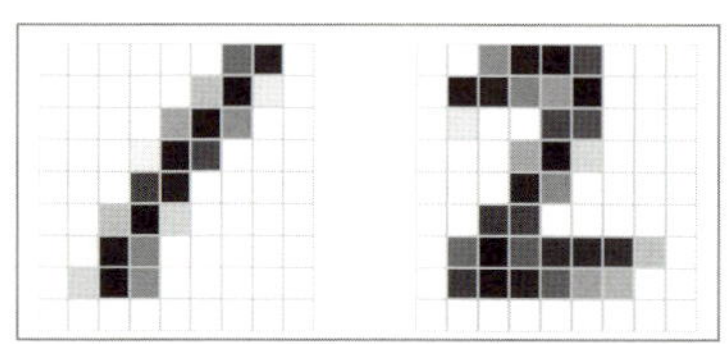

上の2つの手書き数字を拡大した図。9×9のマスに収まる。

この小さな手書き数字1、2を、これまで調べてきたニューラルネットワークで識別してみましょう。すなわち、隠れ層に3ニューロン、出力層に2ニューロンを配置するニューラルネットワークを用いるのです。

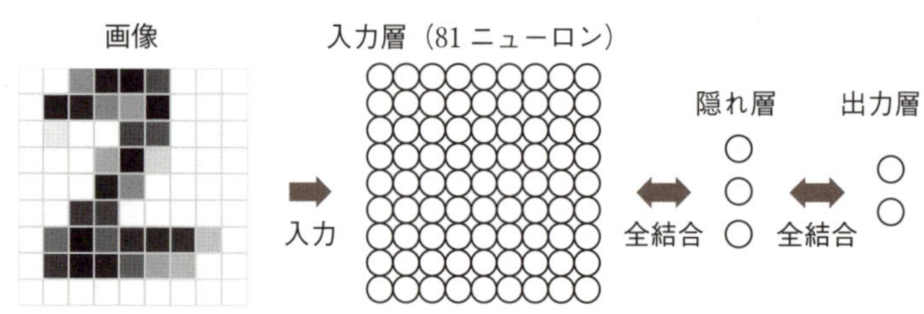

ここで、これまでと大きく異なる点が1つ見えてきます。入力層のニューロン数が大きくなる点です。画素数が9×9なので、入力層のニューロンの数もそれに合わせて9×9個になります（下図）。これまでは4×3画素だったので、4×3個のニューロンしか必要ありませんでした。

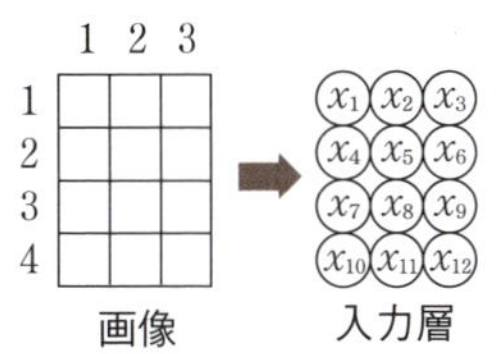

これまで調べてきた画素と入力層のニューロン。各々4×3個から構成されている。

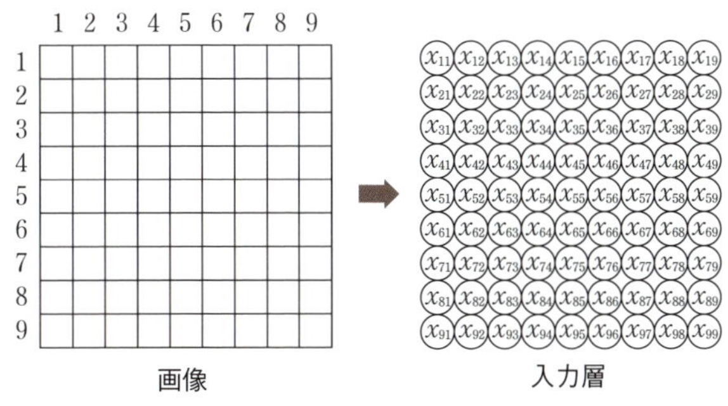

画素数が9×9なら、入力層ニューロン数も9×9個が必要。

このニューロン数の増加はニューラルネットワークの理論自体には影響を及ぼしません。しかし、Excelに実装するとなると、大きな問題が生じます。決定すべきパラメーター数が増えてしまうことから来る、ソルバーの能力オーバーの問題です。

画像の解像度が9×9画素になると、隠れ層の各ニューロンが入力層から向けられる矢の数は9×9本となります。すると、隠れ層のニューロンがこれらの矢に与える「重み」の個数は、次の値になります。

$3\times(9\times9)=243$ 個

したがって、Excelに実装すると、次のページの上の図のようなワークシートになります。それに訓練データを与え、最適化のためにソルバーを実行してみましょう。すると、その下のメッセージが出力され、異常終了します。ソルバーは200までのパラメーターしか扱えないからです。

O15　=1/(1+EXP(-SUMPRODUCT($D$3:$L$11,O3:W11)+$D$30))

手書き数字1、2の識別

重みと閾値

行	B	C	D	E	F	G	H	I	J	K	L
3	隠れ層	1	0.95	0.15	0.36	0.92	0.57	0.71	0.13	0.49	0.04
4			0.56	0.00	0.38	0.77	0.37	0.95	0.47	0.59	0.86
5			0.56	0.22	0.92	0.35	0.36	0.36	0.14	0.23	0.83
6			0.69	0.90	0.60	0.14	0.47	0.00	0.06	0.57	0.60
7			0.69	0.97	0.69	0.80	0.77	0.15	0.86	0.72	0.79
8			0.15	0.63	0.91	0.84	0.28	0.15	0.32	0.65	0.07
9			0.91	0.92	0.41	0.75	0.50	0.84	0.15	0.32	0.85
10			0.86	0.31	0.26	0.05	0.42	0.32	0.83	0.33	0.74
11			0.55	0.01	0.67	0.64	0.26	0.87	0.92	0.05	0.12
12		2	0.10	0.12	0.50	0.53	0.62	0.48	0.20	0.56	0.90
13			0.49	0.89	0.13	0.10	0.64	1.00	0.99	0.97	0.75
14			0.44	0.83	0.24	0.48	0.99	0.31	0.18	0.40	0.97
15			0.03	0.35	0.34	0.31	0.65	0.01	0.05	0.29	0.90
16			0.92	0.72	0.20	0.81	0.11	0.16	0.86	0.90	0.53
17			0.18	0.94	0.43	0.10	0.36	0.56	0.54	0.50	0.23
18			0.18	0.87	0.72	0.15	0.29	0.33	0.14	0.14	0.06
19			0.38	0.66	0.53	0.30	0.34	0.82	0.12	0.87	0.76
20			0.68	0.24	0.51	0.75	0.88	0.76	0.18	0.36	0.06
21		3	0.53	0.20	0.55	0.17	0.39	0.33	0.94	0.76	0.43
22			0.40	0.59	0.79	0.47	0.70	0.29	0.58	0.70	0.64
23			0.97	0.29	0.92	0.81	0.21	0.48	0.00	0.60	0.31
24			0.26	0.63	0.56	0.34	0.27	0.98	0.55	0.93	0.11
25			0.87	0.90	0.23	0.83	0.09	0.66	0.55	0.65	0.38
26			0.33	0.60	0.68	0.07	0.55	0.91	0.49	0.59	0.64
27			0.28	0.12	0.39	0.47	0.78	0.84	0.70	0.16	0.90
28			0.94	0.17	0.51	0.63	0.11	0.49	0.45	0.13	0.58
29			0.76	0.28	0.37	0.90	0.72	0.81	0.22	0.49	0.96
30		θ	0.06	0.15	0.27						
31	出力層	1	0.95	0.33	0.89						
32		2	0.34	0.16	0.45						
33		θ	0.89	0.48							
34									Q_T	2.47	

番号　1

行	N	O	P	Q	R	S	T	U	V	W
3	入力層	0	0	0	0	0	0	107	213	0
4		0	0	0	0	0	33	249	7	0
5		0	0	0	0	52	242	74	0	0
6		0	0	0	5	245	153	0	0	0
7		0	0	0	159	221	1	0	0	0
8		0	0	32	248	17	0	0	0	0
9		0	3	234	83	0	0	0	0	0
10		0	17	244	74	0	0	0	0	0
11		0	0	0	0	0	0	0	0	0
12	正解t_1,t_2	1	0							
14	隠れ層	1	2	3						
15	出力 y	1.00	1.00	1.00						
31	出力層	1.00	2.00							
32	出力 z	0.78	0.62							
34	誤差Q	0.43								

入力層のニューロン数は
9×9個

隠れ層の重みの個数は
3×(9×9)＝243個

Excelソルバーは200を超えるパラメーターの決定はできない。

このオーバーフローの問題はExcelソルバーの能力が低いため、とも考えられます。しかし、実用のことを考えると、そう単純な話ではありません。実際に利用される画像では1000万画素が普通です。そこで、何の工夫もなく、これまでのニューラルネットワークをコンピューターに実装すると、Excelに限らず計算が不可能になるのです。すなわち、ニューラルネットワークに何か工夫が必要なことがわかります。そこで登場するのが**畳み込みニューラルネットワーク**です。次章では、このネットワークについて調べましょう。

5章

畳み込みニューラルネットワークのしくみ

畳み込みニューラルネットワークの仕組みについて調べましょう。畳み込みニューラルネットワークは現在話題のディープラーニングの基本となるネットワークで、本書の目的となるテーマです。

読み物としての畳み込みニューラルネットワークのしくみ

ディープラーニングとは隠れ層（中間層）が幾重にも重なったニューラルネットワークのことです。**深層学習**と訳されています。隠れ層に構造を持たせ、より効率的に学習が進むようにしたニューラルネットワークです。その中で特に近年脚光を浴びているのが**畳み込みニューラルネットワーク**（Convolutional Neural Network、略して CNN）です。

ここでは、この畳み込みニューラルネットワークがどのようなしくみで機能するかを、4章 §1の「**読み物としてのニューラルネットワークのしくみ**」に登場してもらった「運搬係」「検知係」「判定係」の3つの役割のスタッフに解説してもらいましょう。

ニューラルネットワークの問題点

前章で調べたニューラルネットワークを見てみましょう。これは12個のニューロンからなる入力層、3個のニューロンからなる中間層（隠れ層）、そして2個のニューロンからなる出力層から構成されています。

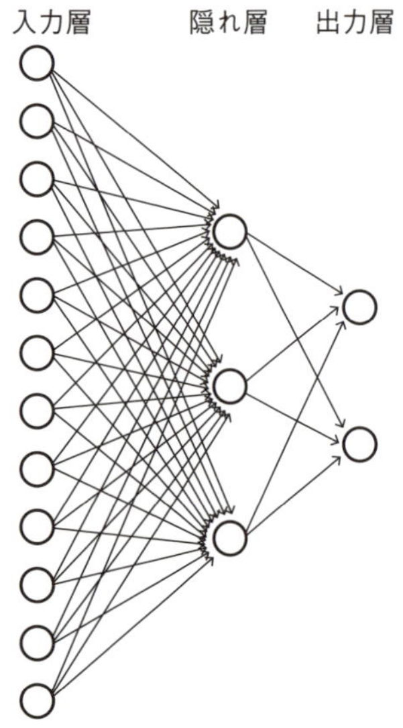

4章で調べたニューラルネットワーク。こんな簡単な形でも、一応文字識別が可能。

こんな簡単なニューラルネットワークでも、4×3画素に収まる簡単な手書き文字「○」、「×」を区別できました。しかし、たかだか2つの簡単な文字を区別するためにも、隠れ層は入力層と3×12(＝36)本の矢を結ぶことになります。まさにこの本数がニューラルネットワークの問題点となるのです。

例えば、写真から猫と犬とを識別するニューラルネットワークを作ることを考えてみてください。現代では安価なデジカメでも1000万画素の解像度を持ちます。すると、入力層から隠れ層の一つのニューロンに向ける矢の本数は1000万となります。「○」、「×」の区別と違って、猫と犬とを識別するには隠れ層には少なくとも1000個のニューロンを配置する必要があるでしょう。すると、隠れ層と入力層の間の矢の本数は次のように膨大な数になります。

1000万画素 × 隠れ層のニューロン数1000個 ＝ 百億（本）

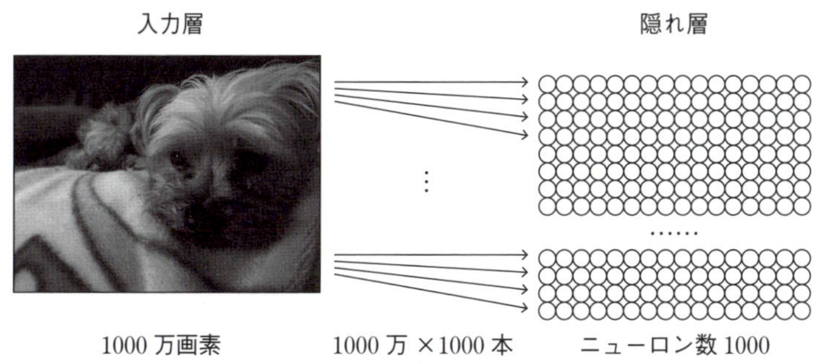

このような膨大な数のパラメーターを決定するには、スーパーコンピュータでも手こずります。また、それに対応するデータを用意するのも至難です。以上の問題を解決するのが畳み込みニューラルネットワークです。

注 データの大きさがパラメーターの個数以上でないと、モデルは決定されません（→2章§4）。

特徴抽出がポイント

畳み込みニューラルネットワークのアイデアの基本は4章で調べたニューラルネットワークと同じです。ただ、隠れ層が行う「特徴抽出」に一工夫がなされます。

前章で調べたように、ニューラルネットワークを構成する各層を人の役割に見立てると、隠れ層には「検知係」が対応しました。そのスタッフは入力された画像から目的とする特徴パターンを検知し、その「含有度」を上の層に報告します。

畳み込みニューラルネットワークの隠れ層にも同じように「検知係」のスタッフが常駐し、特徴パターンの検知作業をします。その検知作業の方法がニューラルネットワークと畳み込みニューラルネットワークでは大きく異なるのです。

ニューラルネットワークの検知係は椅子に座って下の層から全員の報告を待って、「ヨッコイショ」と仕事をするタイプです。それに対して畳み込みニューラルネットワークの検知係は活動的で、積極的に情報を拾いに行くタイプです。この積極性こそがネットワークを簡潔にし、モデルのパラメーターを大幅に低減してくれるのです。

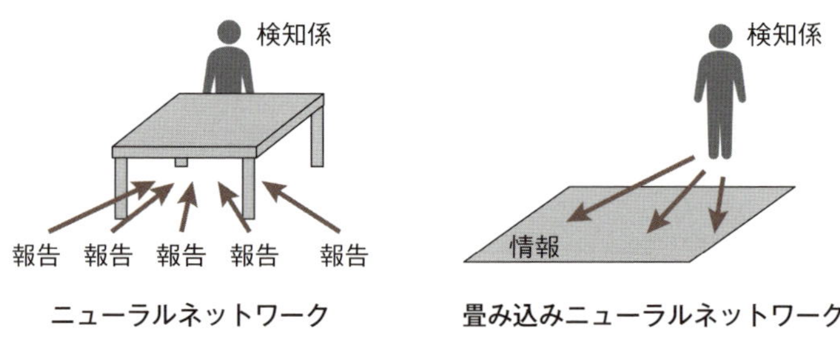

ニューラルネットワークの検知係は報告を待つタイプ。それに対して畳み込みニューラルネットワークの検知係は積極的に情報を拾いに行くタイプ。

例で調べよう

話を具体的にするために、本章は次のテーマを用いて話を進めることにします。

テーマⅡ 9×9＝81画素のモノクロ画像として読み取った手書きの数字「1」、「2」を識別する畳み込みニューラルネットワークを作成しよう。

最初に、9×9＝81画素のモノクロ画像として読み取った手書きの文字「1」、「2」とはどのようなものか、次に例示しましょう。

0	0	0	0	0	0	107	213	0
0	0	0	0	0	33	249	7	0
0	0	0	0	52	242	74	0	0
0	0	0	5	245	153	0	0	0
0	0	0	159	221	1	0	0	0
0	0	32	248	17	0	0	0	0
0	3	234	83	0	0	0	0	0
0	17	244	74	0	0	0	0	0
0	0	0	0	0	0	0	0	0

0	0	0	0	0	0	0	0	0
0	1	74	223	247	147	0	0	0
0	230	208	83	59	252	0	0	0
0	7	0	0	154	142	0	0	0
0	0	0	47	241	16	0	0	0
0	0	0	210	77	0	0	0	0
0	0	173	159	0	0	0	0	0
0	110	249	123	190	198	190	34	0
0	173	236	208	123	53	40	0	0

さて、これから調べるネットワークでは、前章と比較しやすいように、隠れ層の「検知係」の人数は前章と同じ3人とします。出力層には、2文字「1」、「2」を識別する「判定係」2人がいることも、前章と同様です。入力層には画素数と同じ人員が必要になるので、9×9＝81人の「運搬係」が必要になります。

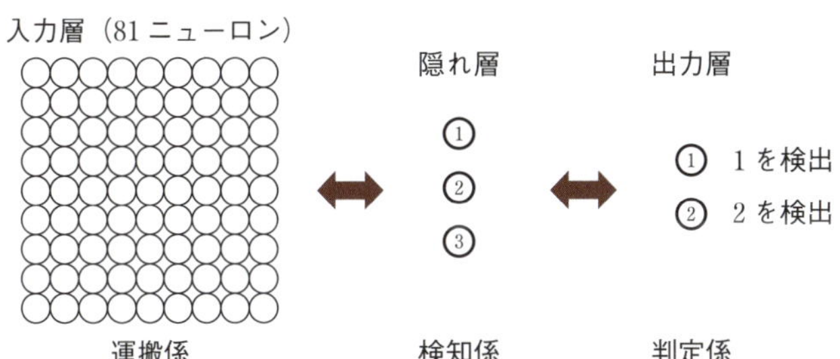

9×9＝81画素のモノクロ画像で読み取られた「1」「2」の手書き数字を識別する畳み込みニューラルネットワークの枠組み。

畳み込みニューラルネットワークの入力層の役割

最初に入力層について考えます。ニューラルネットワークでも調べたように（→4章 §1）、この層はネットワークへ画像情報を運ぶ「運搬係」が対応します。彼らの役割はニューラルネットワークのときと全く同じです。各画素に1人ずつスタッフが配置され、その任務は入力された画素情報（すなわち信号の大きさ）について何も加工せず、そのまま上の層に報告することです。ただし、総勢81人（＝9×9人）が任務にあたります。

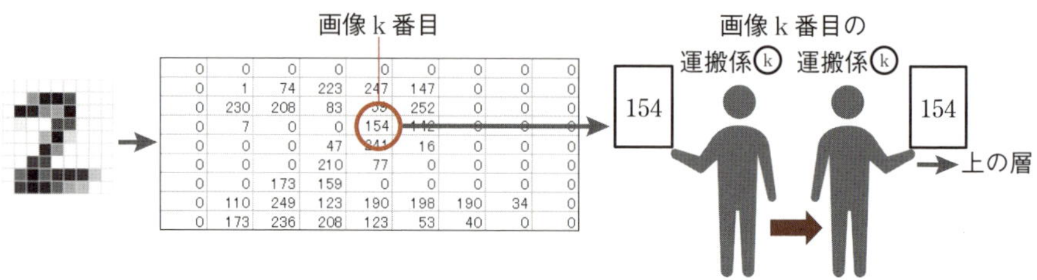

入力層のk番目の「運搬係」。入力層の各ニューロンは画素情報をそのまま隠れ層の係に報告する。なお、次節以降では、ソルバーを有効に働かせるために、大きさを100分の1にして出力する方法を採用。

畳み込みニューラルネットワークの隠れ層の役割

次に隠れ層について考えます。この層にあるニューロンには、ニューラルネットワークのときと同様、画像上の特定のパターンの有無を調べ、その含有率を上の層に報告する「検知係」が対応します。この例題では隠れ層に3つのニューロン①～③があるので、3つの特徴パターンに関心を払うスタッフ①～③がいることを意味します。

注 ここで含有率といってもイメージ的な表現であり、厳密な意味ではありません。

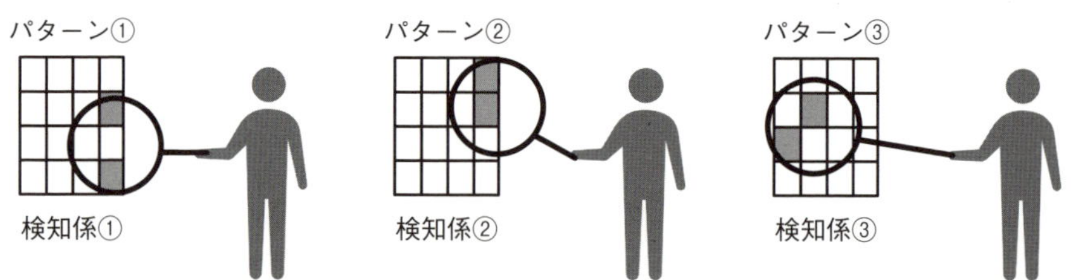

各々異なる特定のパターンの読み取りを役割とする係員。この図のパターンはあくまで仮の例であり、実際は後に調べる「最適化」で決められる。読み取りの結果は、該当パターンの含有率として上の層（出力層）全員に報告する。

ここまでの検知係についての説明は、基本的にニューラルネットワークの場合と同じです。では、ニューラルネットワークと畳み込みニューラルネットワークとでは、どこが根本的に異なるのでしょうか。その答えは、入力層から情報を受け取る方法にあります。

ニューラルネットワークは入力層の運搬係の全スタッフから情報を一括して受け取ります。

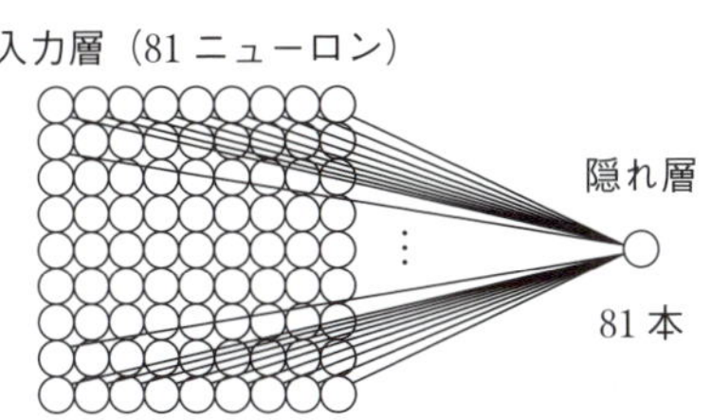

ニューラルネットワークの隠れ層の情報のもらい方。入力層のスタッフ全員から検知係は情報をもらう。

それに対して、畳み込みニューラルネットワークでは、入力層の運搬係から情報を小分けにして受け取るのです。こうすることで、「検知係」が同時に対応する入力層のスタッフの人数が小さくなり、受け持つ特徴パターンを探索する手間を大幅に減らせます。

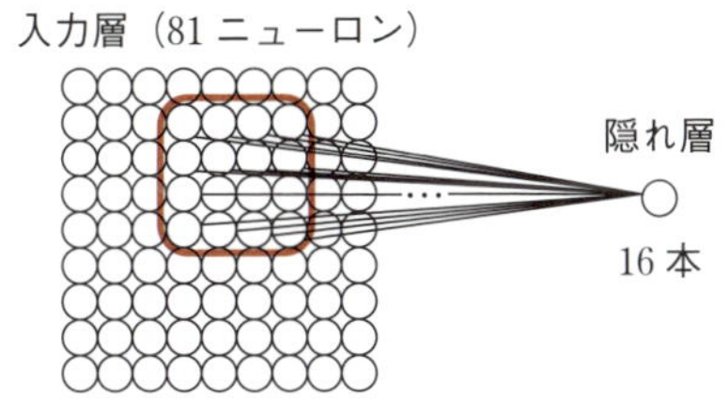

畳み込みニューラルネットワークの隠れ層の情報のもらい方。入力層のスタッフを小分けにしグループ化して情報をもらう。

ここで突然ですが、隠れ層の 3 人の検知係の 1 人Ⓧが次のパターンの画素を検知する役割を担っているとしましょう。このパターンは $4\times4(=16)$ の画素から成り立っていると仮定することにします。

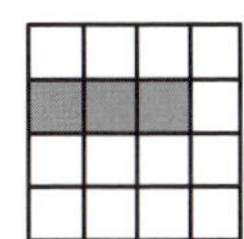

隠れ層の検知係Ⓧが受け持つ特徴パターン

検知するパターンの大きさとして、現実的な畳み込みニューラルネットワークでは5×5の大きさが多用されます。しかし、本書では簡単にするため、検知する特徴パターンの大きさを4×4で多少スケールダウンします。

この検知係Ⓧは入力係から渡された画像を特徴パターンの大きさに小分けし、順次スキャンしていきます。そして、小分けした区画ごとにニューラルネットワークのときと同じ処理を施します。すなわち、受け持ちの特徴パターンの含有率を各検知係は独自に算出するのです。

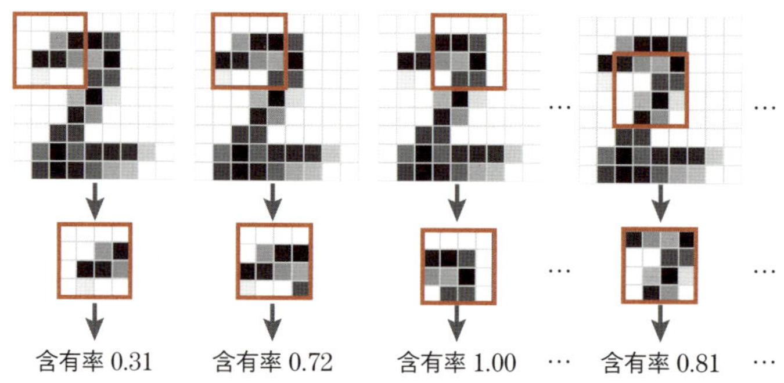

ちなみに、畳み込みニューラルネットワークの場合、含有率は「特徴パターンとの**類似度**」と表現した方が似つかわしいかもしれません。上の図を見ればわかるように、ニューラルネットワークに比べ、調べる範囲が小さいからです。

さて、上の図からわかるように、畳み込みニューラルネットワークでは入力画像を小分けしたので、その出力は含有率の表になります。それに対して、ニューラルネットワークの場合、隠れ層の各検知係は入力画像を一括処理するので、出力は1個の含有率だけでした。

0.92

ニューラルネットワークの隠れ層のニューロンの出力は「数」。

0.31	0.72	1.00	0.99	0.92	0.49
0.98	0.99	0.99	0.92	0.83	0.73
0.19	0.53	0.81	0.81	0.81	0.48
0.26	0.80	0.82	0.82	0.74	0.21
0.65	0.80	0.80	0.80	0.33	0.18
0.86	0.86	0.86	0.52	0.18	0.18

畳み込みニューラルネットワークの隠れ層のニューロンの出力は「表」。

隠れ層には検知係のスタッフ3人を仮定しているので、1人につき1枚、計3枚の表が出力されます。この表の1セットが一つの層を形成します。これが**畳み込み層**と呼ばれる層です。**コンボリューション層**とも呼ばれます。

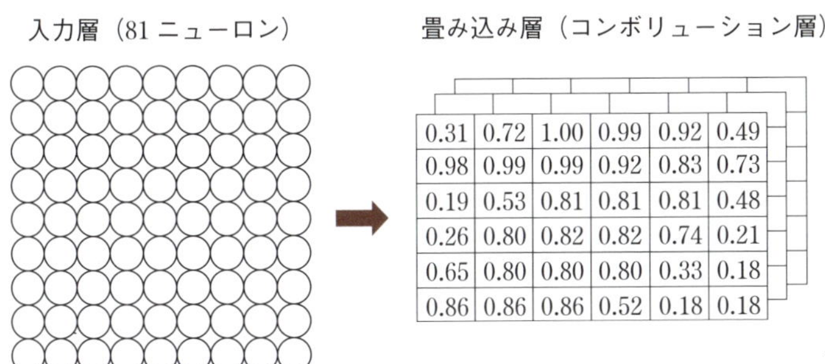

0.31	0.72	1.00	0.99	0.92	0.49
0.98	0.99	0.99	0.92	0.83	0.73
0.19	0.53	0.81	0.81	0.81	0.48
0.26	0.80	0.82	0.82	0.74	0.21
0.65	0.80	0.80	0.80	0.33	0.18
0.86	0.86	0.86	0.52	0.18	0.18

調べる画素を小分けにしたぶん、隠れ層の検知係は3枚の表として出力を提供する。これが畳み込み層を形成する。

プーリング層で情報を濃縮

通常、検知係が算出した畳み込み層の表はまだ大きなものです。今の例ではたかだか9×9画素の画像でしたが、実際は100×100画素以上の画像を扱います。そこで、検知係はさらに情報の縮約を試みます。

情報の縮約法として、例えば、次のような方法が考えられます。畳み込み層として得られた各出力表を2×2の大きさに区分けし、その区分けされた4つの中から最大値を代表として選出するのです。こうすることで、表は4分の1に縮約されます。先の検知係 Ⓧが出力した表を例にして調べてみましょう。

0.31	0.72	1.00	0.99	0.92	0.49
0.98	0.99	0.99	0.92	0.83	0.73
0.19	0.53	0.81	0.81	0.81	0.48
0.26	0.80	0.82	0.82	0.74	0.21
0.65	0.80	0.80	0.80	0.33	0.18
0.86	0.86	0.86	0.52	0.18	0.18

→

0.99	1.00	0.92
0.80	0.82	0.81
0.86	0.86	0.33

畳み込み層にある3枚の表にこの処理を施してみましょう。こうして縮約された表の一群は**プーリング層**と呼ばれます。情報内容としては荒くなりますが、入力層の81画素の情報がコンパクトな情報にまとめられたことになります。

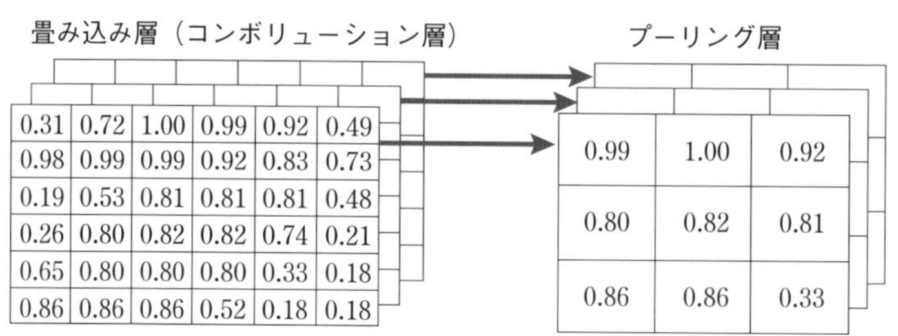

0.31	0.72	1.00	0.99	0.92	0.49
0.98	0.99	0.99	0.92	0.83	0.73
0.19	0.53	0.81	0.81	0.81	0.48
0.26	0.80	0.82	0.82	0.74	0.21
0.65	0.80	0.80	0.80	0.33	0.18
0.86	0.86	0.86	0.52	0.18	0.18

0.99	1.00	0.92
0.80	0.82	0.81
0.86	0.86	0.33

畳み込み層の情報はプーリング層でさらに4分の1に縮約される。

隠れ層は以上の畳み込み層とプーリング層の2つの層から構成されることになります。

畳み込みニューラルネットワークの出力層の役割

次に出力層について考えましょう。この層にあるニューロンは「判定係」の役割を担いますが、その役目はニューラルネットワークのときと全く同じです。下の層（プーリング層）からの情報を組み合わせ、自分が受け持つ文字とマッチするかの確信度を0と1の間の数値で表現します。いま調べている〔テーマⅡ〕では「1」と「2」の2文字の識別なので、「1」の確信度を数値化する判定係①と、「2」の確信度を数値化する判定係②の2者を配置します。

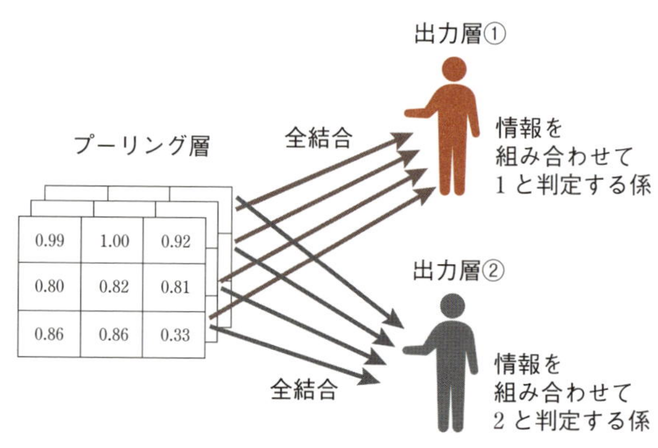

プーリング層からの情報の組み合わせ方はニューラルネットワークのときと同様です。プーリング層の各成分から引かれる矢に重みを付け、担当の数字かどうかの判断がしやすいように値を設定します。

こうして、出力層が完成しました。出力層のスタッフのくだす結論が畳み込みニューラルネットワーク全体の結論になります。

まとめてみよう

話をまとめてみましょう。次の図はこれまで作成した畳み込みニューラルネットワークを利用して、手書きの数字を識別するしくみを表現しています。

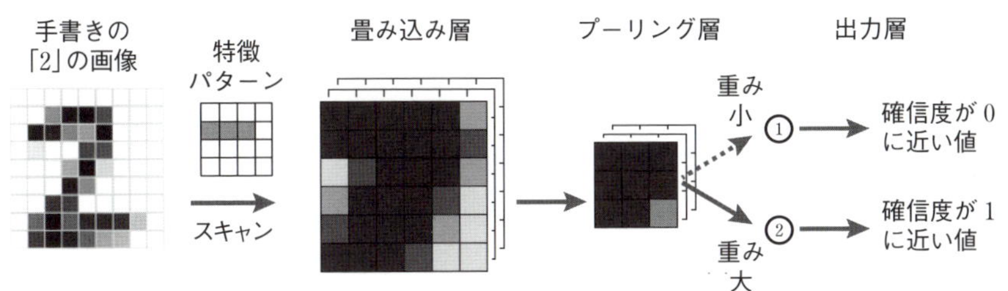

大きい値を濃く表示している。データにマッチした特徴パターンを用いると、右に行くほど情報が濃縮していくことがみてとれる。

閾値の役割

「特徴パターン」や「重み」を中心に話を進めてきましたが、ネットワークで大切な働きをする「閾値」について確認しましょう。

ニューラルネットワークのときと同様、閾値は黒子的な役割を演じ、イメージでは表現しにくいものです。しかし、その黒子の存在がなければ、ネットワークは機能しません。というのも、ネットワークの各係が情報を出力するとき、必要な情報だけをしっかり提示し、不要な情報をできるだけカットするよう、各スタッフに働きかける役割をするからです。それはニューラルネットワークの場合と全く同じ役割です (→ 4 章 §1、§7)。

パラメーターの決定法

これまでは、特徴パターンや重み、閾値は与えられたものと仮定して話を進めてきました。しかし、それをどのような値として設定してよいかは、最初は不明です。それを決定するには、「**ネットワーク自らが決定する**」方法が用いられます。

これまで調べてきた〔テーマⅡ〕を例にして見てみましょう。訓練データには「1」「2」の手書き画像データが何枚もあり、それらには1枚ずつ「1」か「2」の正解がついています。すると、我々がやるべきことは、ニューラルネットワークに1枚1枚の画像を読ませ、「1」か「2」かの確信度を計算させることです。そして、1枚1枚の画像に付けられた正解との誤差を算出すればよいのです。後は、画像データすべてにおいてこれらの誤差の総和が最小値になるように、特徴パターン、重み、閾値をコンピューターで決めることになります。

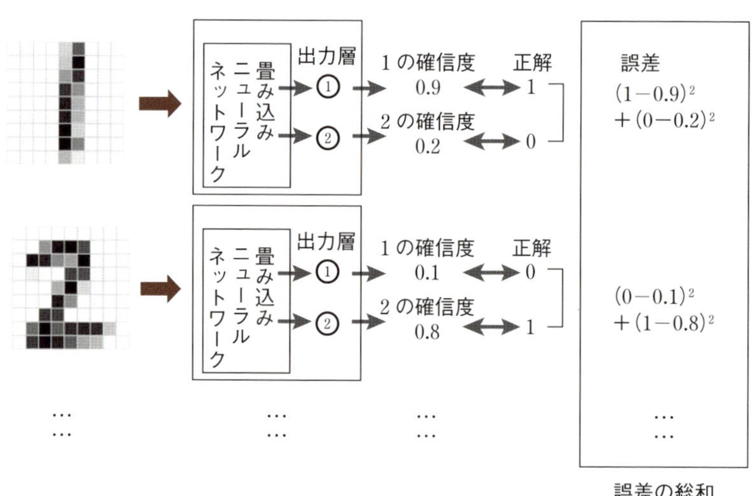

重みや閾値を決定するしくみ。表示している値は仮のものである。

以上の計算法は、ニューラルネットワークのときと同じで、数学モデルの**最適化**と呼ばれる技法であり、**学習**とも呼ばれます。人が教え込むことは何もありません。

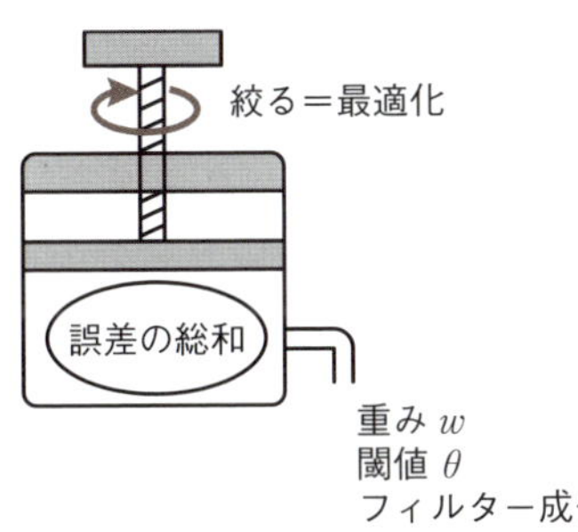

人、すなわちコンピューターがやることは最適化の計算だけ。畳み込みニューラルネットワークに知恵を教え込むことはない。これが大きな特徴であり、「自らが決定する」と表現される中身である。

AIは無定義用語

現代はAIブームと言われますが、そのAIについて明確な定義はなされていません。1章でも述べたように、以前には「AI炊飯器」「AI洗濯機」などという商品も販売されていましたが、その「AI」とはわれわれが想像するAIとは大きく異なっています。

われわれが想像するAIには、有名な古典漫画「鉄腕アトム」のイメージが投影されます。「人と話す」「考える」「感情がわかる」がAIの必要要素に思われます。しかし、現実にはそのようなAIは存在しません。

AIとは「知的な機械、特に、知的なコンピュータプログラムを作る科学と技術」（日本人工知能学会のホームページより）などという定義もありますが、そもそも「知的」とは何かについて議論が必要でしょう。要するに、AIは無定義用語なのです。

人工知能の研究には2つの立場があるといわれます。ひとつは人間の知能そのものを持つ機械を作ろうとする立場であり、もうひとつは人間が知能を使ってすることを機械にさせようとする立場です。実際の研究のほとんどは後者の立場に立っています。そうだからこそ、産業界ではAIが最大関心事のひとつになるわけです。そして、その分野に、本書のテーマである畳み込みニューラルネットワークの技術が確実に浸透しています。

§2 畳み込みニューラルネットワークが手書き数字を識別

前の節（§1）では畳み込みニューラルネットワークがどんなものかを、人の役割にたとえて物語風に調べました。本節からは、Excelを用いながら、具体的に式を追ってしくみを調べることにしましょう。本節では、準備として訓練データを用意します。

ニューラルネットワークの限界

画像識別をニューラルネットワークで行うとき、対象となる画像が持つ画素数が大きくなると、隠れ層が重くなり、コンピューターの能力を使い切ってしまいます。前章最後の節（4章§9）では、その具体例を確認しました。この問題を解決するのが**畳み込みニューラルネットワーク**です。近年、マスコミ等の話題をさらっている技法です。動的な中間層を設定することで、コンピューターの資源を有効活用するテクニックを利用します。

手書き数字データの準備

本章の具体的なテーマとして、前節（§1）でも紹介した次の〔テーマⅡ〕を利用します。このテーマに沿いながら、畳み込みニューラルネットワークのしくみを、Excelを利用しながら順次調べていくことにしましょう。

> **テーマⅡ**　9×9＝81画素のモノクロ画像として読み取った手書きの数字「1」、「2」を識別する畳み込みニューラルネットワークを、190枚の手書き画像とその正解からなる訓練データから作成しよう。

この〔テーマⅡ〕は単純なものであり、実際にははるかに複雑な構造を持つものが利用されます。しかし、この内容の理解があれば、複雑なものにも応用が利くはずです。

最初に述べたように、本節では訓練データを準備します。訓練データとしては、次に示す「1」、「2」の計190文字を数字画像として利用します。ちなみに、数字画像が何を示すかの正解を付加しなければなりませんが、人はこれらの画像を見て1か2を区別できるので、紙面では省略します。

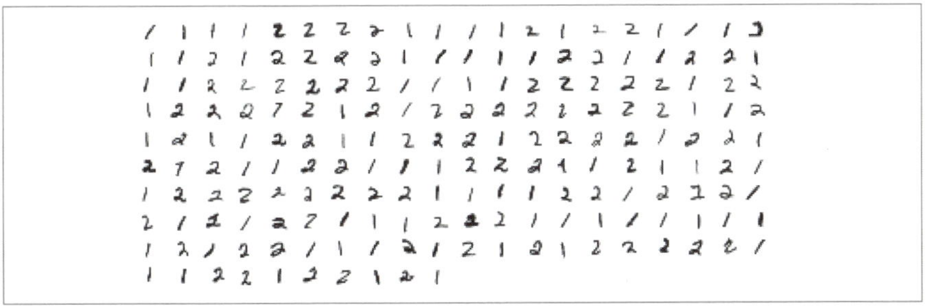

注 この手書き数字の「1」と「2」は、MNISTデータから1と2の手書き数字を190文字だけピックアップし、判別できる最小の解像度（9×9画素）に縮小したものです。拡大図は付録Bに掲載しました。なお、MNISTデータについては、下記≪メモ≫を参照してください。

それでは、Excelに上記の訓練データを入力してみましょう。

例題 9×9画素のモノクロ画像として読み取った手書き数字「1」と「2」をExcelに入力しましょう。

注 この例題のワークシートは、ダウンロードサイト（→8ページ）に掲載されたファイル「5.xlsx」の中の「Data」タブに収められています。なお、付録Bにその手書き数字イメージを掲載してあります。

Memo MNISTデータ

MNIST(Mixed National Institute of Standards and Technology)とは28×28画素の60000枚の学習サンプルと10000枚のテストサンプルからなる手書き数字画像データベースのことです。NISTとはアメリカ国立標準技術研究所で、この機関が用意してくれた見本データがNMISTなのです。本書では、これを解読可能な最小の解像度の9×9に変換したものを利用します。

なお、MNISTの詳細は次のWebを見てみましょう。

http://yann.lecun.com/exdb/mnist/

解　本書指定のサイトからExcelワークシート（5.xlsx）をダウンロードすると、次の訓練データが得られます。内容については、ダウンロードしたファイルを開いて確かめてください。

K	L	M	N	O	P	Q	R	S	T	U	V	W	X	Y	Z	AA	AB	AC	AD
番号	1									2									3
画像	0	0	0	0	0	0	107	213	0	0	0	0	171	5	0	0	0	0	0
	0	0	0	0	0	33	249	7	0	0	0	0	193	94	0	0	0	0	0
	0	0	0	0	52	242	74	0	0	0	0	0	193	138	0	0	0	0	0
	0	0	0	5	245	153	0	0	0	0	0	0	78	138	0	0	0	0	0
	0	0	0	159	221	1	0	0	0	0	0	0	193	138	0	0	0	0	0
	0	0	32	248	17	0	0	0	0	0	0	0	193	138	0	0	0	0	0
	0	3	234	83	0	0	0	0	0	0	0	0	236	138	0	0	0	0	0
	0	17	244	74	0	0	0	0	0	0	0	0	229	115	0	0	0	0	0
	0	0	0	0	0	0	0	0	0	0	0	0	0	0	0	0	0	0	0
正解	1									1									1

訓練データはダウンロードしたものを利用

BMM	BMN	BMO	BMP	BMQ	BMR	BMS	BMT	BMU	BMV	BMW	BMX	BMY	BMZ	BNA	BNB	BNC	BND	BNE
	189									190								
0	0	0	28	129	72	1	0	0	0	0	0	0	0	74	88	0	0	0
0	0	12	252	118	242	29	0	0	0	0	0	0	0	189	57	0	0	0
0	0	0	15	0	234	72	0	0	0	0	0	0	0	228	38	0	0	0
0	0	1	140	77	253	13	114	197	83	0	0	0	0	252	11	0	0	0
0	49	250	225	254	163	6	101	235	2	0	0	0	2	228	0	0	0	0
0	38	249	238	133	251	249	184	7	0	0	0	0	40	202	0	0	0	0
0	7	76	0	0	19	5	0	0	0	0	0	0	52	159	0	0	0	0
0	0	0	0	0	0	0	0	0	0	0	0	0	6	225	0	0	0	0
0	0	0	0	0	0	0	0	0	0	0	0	0	0	1	0	0	0	0
R28C21	2									1								

注　この訓練データを取り込んだワークシートのタブ名は「Data」とします。

画像の確認

ここで、数値化された画像の形式について確認します。モノクロ画像は各画素に0～255までの数値が割り振られ、明るさを表します。標準では0が黒を、255が白を表現します。しかし、手書き数字との対応を画面上で調べるとき、それでは不便です。そこで、本書では、白と黒の数値を反転して表示しています。フィルム写真のネガを示していると考えると、わかりやすいでしょう。このような変換をしても得られる結果は同じですが、反転した方が直感的な解釈がしやすいと思われます。このことは、すでに4章のニューラルネットワークのときにも利用しています。

<標準的なデータの数値化>

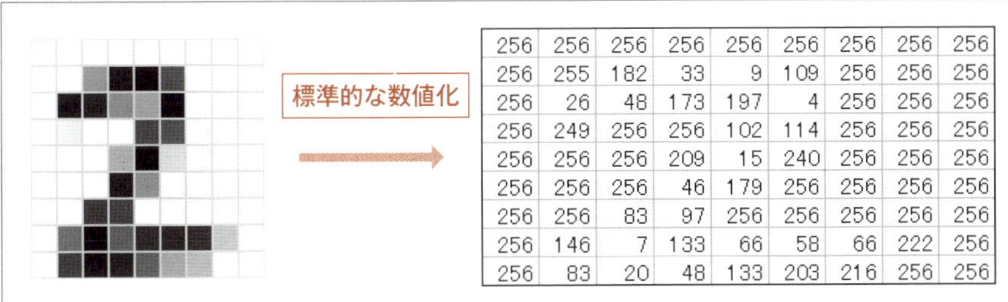

256	256	256	256	256	256	256	256	256
256	255	182	33	9	109	256	256	256
256	26	48	173	197	4	256	256	256
256	249	256	256	102	114	256	256	256
256	256	256	209	15	240	256	256	256
256	256	256	46	179	256	256	256	256
256	256	83	97	256	256	256	256	256
256	146	7	133	66	58	66	222	256
256	83	20	48	133	203	216	256	256

<本書で用いる明暗反転した数値化>

0	0	0	0	0	0	0	0	0
0	1	74	223	247	147	0	0	0
0	230	208	83	59	252	0	0	0
0	7	0	0	154	142	0	0	0
0	0	0	47	241	16	0	0	0
0	0	0	210	77	0	0	0	0
0	0	173	159	0	0	0	0	0
0	110	249	123	190	198	190	34	0
0	173	236	208	123	53	40	0	0

注 上の表と下の表の対応する数値を加えると、値は256になります。ちなみに、明暗を反転した画像は昔のアナログフィルムの「ネガ」に相当します。

訓練データの正解

例題のためにダウンロードしたファイルを見ると、そこに「正解」の欄があります。それは、対象の画像が何を表しているかを示すものです。何度か述べているように、このような正解とセットのデータを**訓練データ**（training data）といいます。正解が必要なのは、与えられた画像が何を意味するか、コンピューターには不明だからです。

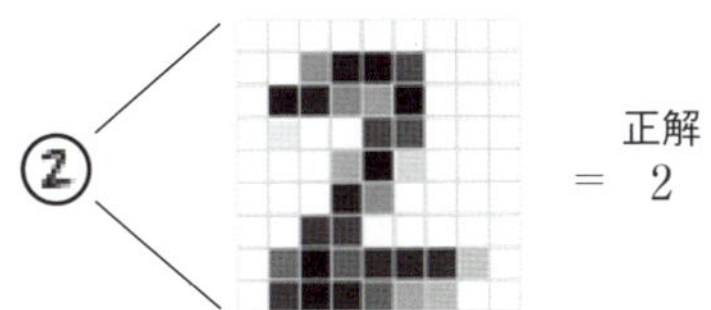

正解
= 2

この手書き数字が2であることをコンピューターに教えるためには正解「2」が必要。このセットの集まりが訓練データ。

§3 畳み込みニューラルネットワークの入力層

実際にExcelで畳み込みニューラルネットワークを動作させるためには、ニューロンの関係を明示しなければなりません。そのことを、まず入力層で調べます。

入力層を格子状に表現

4章のニューラルネットワークのときにも調べましたが、入力層にあるニューロンはデータに何も作用しません。画素からの信号を（定数倍を除いて）そのままネットワークに取り入れる働きをします。その入力層にあるニューロンの名称として、4章と同じく、ローマ字xを用いることにします。

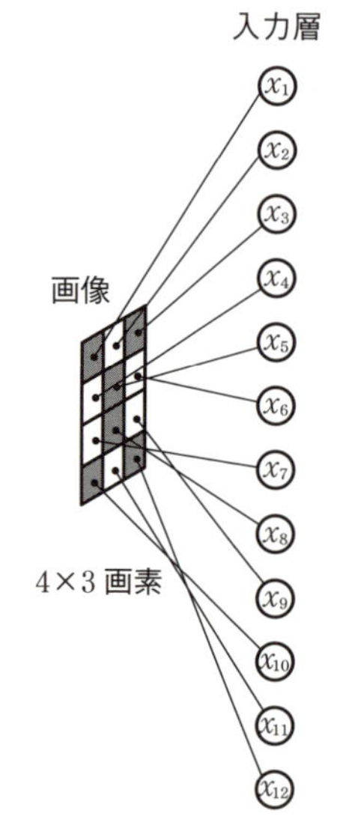

注 次節以降の話ですが、前章同様、隠れ層はy、出力層はzを基本的に利用します。

ところで、前章で調べたニューラルネットワークでは、右の図に示すように、入力層のニューロンの名称に単純に1～12までの添え字を変数名に配分しました（12は画素数です）。

しかし、画素数が大きくなると、この命名法は分かりにくくなります。本章で扱う画素数は9×9＝81なので、81番までの番号をxに添え字として付けていくことになり、見にくくなるからです。また、画像との対応が不明になってしまいます。そこで、画像のi行j列にある画素に対応する入力層のニューロンには、x_{ij}という名称を付けることにします。

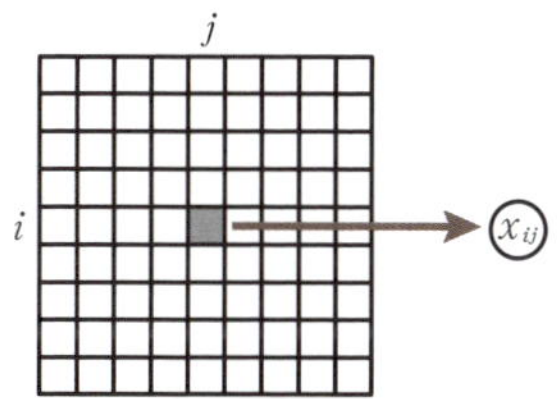

画像の中のi行j列にある画素の信号を受ける入力層のニューロン名が x_{ij}。

こうすることで、画素と入力層のニューロンとの対応が一目瞭然になります。対応をすべて書き出すと、次のようになります。

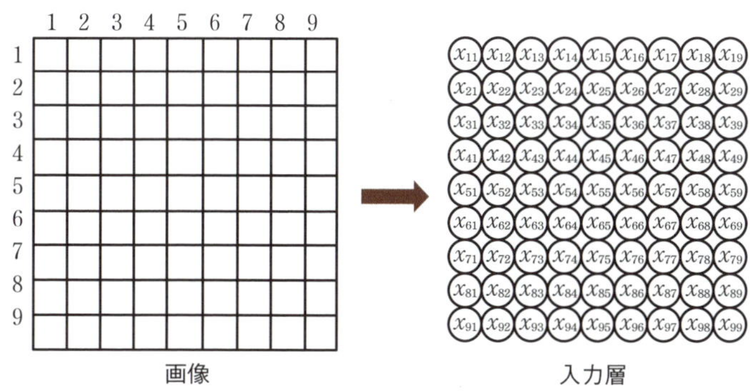

ニューロンの名称は、ニューラルネットワークのときと同様、出力変数の名称としても利用することにします。すると、入力層のニューロンは信号に何も作用を加えないので、一般的には次の関係が成立します。

x_{ij} = 入力層 i 行 j 列にあるニューロンの名称
　= 入力層 i 行 j 列にあるニューロンの出力値 …… (1)

例1 x_{11} は画像の1行1列の位置にある画素信号を受けるニューロン名、及びその出力です（右図）。

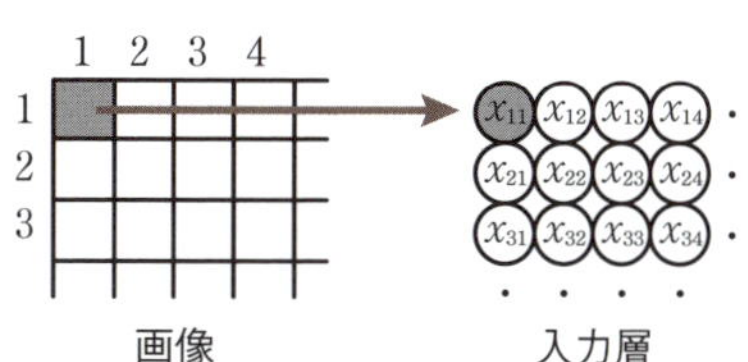

入力層のニューロンを Excel で表現

のちのソルバーによる最適化のために、本書は入力層の出力を画素信号の100分の1に変換することにします。こうすることで、Excelのソルバーの計算スピードと収束性が向上するからです（→ 131ページの《メモ》参照）。

例題 訓練データの1番目の数字画像について、画素からの信号を1/100倍して出力することにして、入力層のニューロンの出力を求めましょう。また、その正解は（t_1, t_2）の形式で入力層セルの左下に配置しましょう。読み込み画像が「1」のときに(1, 0)とし、「2」のときに(0, 1)とします。

注 この例題のワークシートは、ダウンロードサイト（→8ページ）に掲載されたファイル「5.xlsx」の中の「例題」タブに収められています。

解　下図のように、セル番地L3から始まる9×9のセル範囲に題意に即した出力値を用意します。更に、セル番地L12とその右隣に、手書き数字の正解を設定します。

1番目の画像が読みこまれたときの、入力層の出力。画素値を1/100倍している

J	K	L	M	N	O	P	Q	R	S	T
番号		1								
入力層		0	0	0	0	0	0	1.07	2.13	0
		0	0	0	0	0	0.33	2.49	0.07	0
		0	0	0	0	0.52	2.42	0.74	0	0
		0	0	0	0.05	2.45	1.53	0	0	0
		0	0	0	1.59	2.21	0.01	0	0	0
		0	0	0.32	2.48	0.17	0	0	0	0
		0	0.03	2.34	0.83	0	0	0	0	0
		0	0.17	2.44	0.74	0	0	0	0	0
		0	0	0	0	0	0	0	0	0
正解(t1	,t2)	1	0							

正解の欄

これを訓練データにわたってコピーする必要がありますが、その操作は最後に回します（→本章 §8）。

正解の表現法

訓練データでは、各文字画像に、その画像が何を表しているかの正解が付けられています。それを左記の例に示すようにセットしたわけです。このセットの形式は、4章で調べたニューラルネットワークのときと同様です。のちに調べる最適化のための誤差表現をしやすくするために、このような表現を利用します。

なお、4章でも調べたように、変数t_1、t_2は次のように定義されています。使い方については、のちの§7で調べましょう。

	意味	画像が「1」	画像が「2」
t_1	「1」の正解変数	1	0
t_2	「2」の正解変数	0	1

Memo 出力値をなぜ画素値の1/100倍にしたのか？

例えば、右図のようなニューロンを考えてみましょう。3つの入力信号x_1、x_2、x_3を考え、各入力信号には重みw_1、w_2、w_3が与えられるとします。閾値をθとするとき、ニューロンが得る入力の線形和aは次の形をとります。

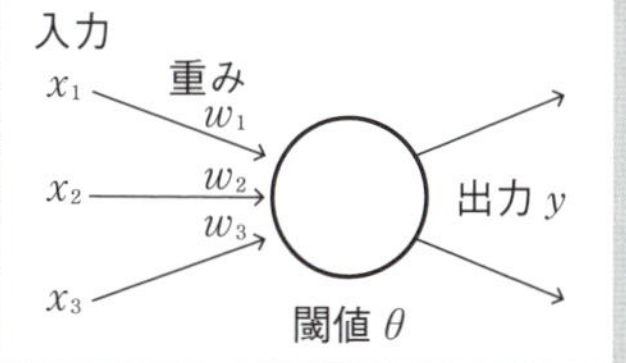

$$a = w_1x_1 + w_2x_2 + w_3x_3 - \theta$$

さて、入力信号x_1、x_2、x_3を各々k倍し、重みw_1、w_2、w_3を$1/k$倍するとき、この和aの値は同じです。

$$a = \frac{1}{k}w_1(kx_1) + \frac{1}{k}w_2(kx_2) + \frac{1}{k}w_3(kx_3) - \theta$$

すなわち、入力信号の大きさx_1、x_2、x_3をどんな尺度で表示しても、重みの大きさを変えることで、和aの値は変わらないのです。本節では、画像からの入力信号を勝手に1/100倍しましたが、重みに条件がなければ、数学的には全く問題はないのです。

では、どうして1/100倍したのでしょうか？　それはソルバーのアルゴリズムの問題です。ソルバーは変数セルの値を少しずつ変更しながら最適値を探しますが、そのデフォルト値は0.0001です。したがって、このデフォルト値を変更しない場合、ソルバーが扱う値が大きいと、その最適化に手間どってしまうのです。入力層のニューロンの値を画素の100分の1としたのは、このような事情です。

§ 4 畳み込みニューラルネットワークを特徴づける畳み込み層

畳み込みニューラルネットワークの中心テーマとなる「畳み込み層」と呼ばれる層の役割を調べます。Excelで畳み込みニューラルネットワークを実装すると、そのしくみがよく見えます。

畳み込みニューラルネットワークは入力層を小分けに調べる

本章§1では、畳み込みニューラルネットワークとはどのようなものかについて擬人的な説明をしました。ここでは具体的に式と数値で話を進めます。重複する部分もありますが、詳しく調べることにしましょう。

先に調べたように（→4章§9）、ニューラルネットワークを現実データに適用すると、ニューロンを結ぶ矢の数が膨大になり、決めるべきモデルのパラメーター数がコンピューターの能力を超えてしまいます。その原因は入力層のニューロンと隠れ層のニューロンがすべて結合されていたからです。このような結合の仕方を**全結合**といいます。

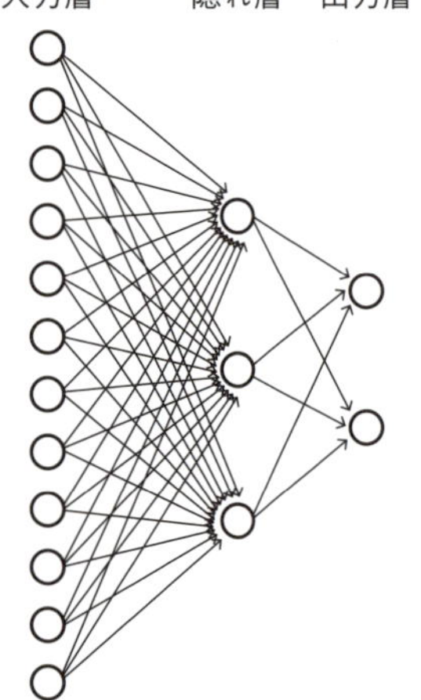

4章で調べたニューラルネットワーク。ニューラルネットワークでは、上の層と下の層のニューロンがすべて矢で結ばれている。すなわち、全結合している。

畳み込みニューラルネットワークがこの問題を解決する手段として取り入れた方法が、入力層のニューロンを小分けにして調べる方法です。入力層のニューロンを小分けすることで、隠れ層のニューロンが調べる矢の本数が少なくてすみます。すると、その矢に課す「重み」の個数も少なくてすむのです。

では、実際に9×9の画素数の画像を下図のように4×4の大きさに小分けしてみましょう。画像は6×6(＝36)地区に分けられます。

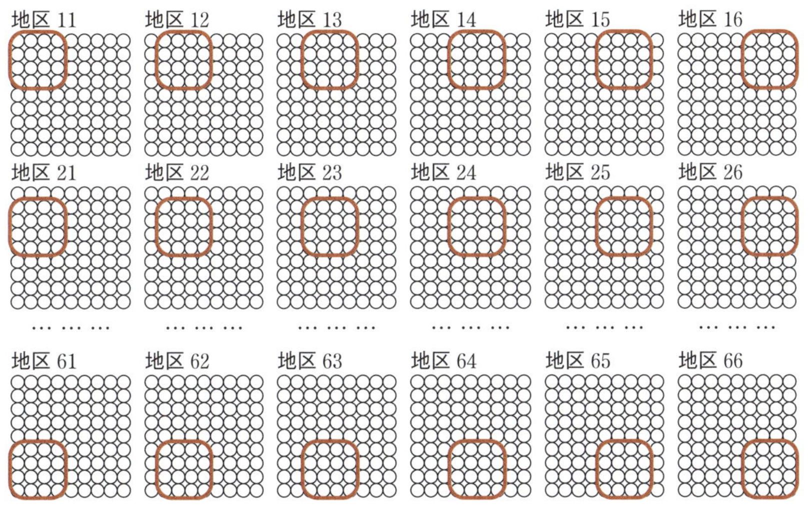

注 先にも言及したように(→§1)、多くの畳み込みニューラルネットワークは5×5の大きさを小分けの大きさとして採用します。本書では記述を簡略化するために、より小さな4×4の大きさを採用します。

小分けした各地区について、隠れ層のニューロンは、ニューラルネットワークのときと同じ処理を行います。小分けしたぶん、その隠れ層のニューロンが矢に課す「重み」は4×4個だけですむことになります。(全結合すると、9×9個の「重み」が必要になります！)

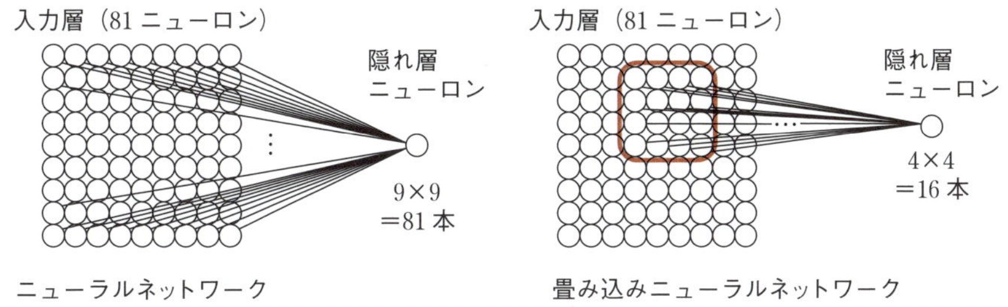

小分けして処理する代償として、1つのニューロンの出力する値は単一ではなくなります。先の図が示すように、隠れ層のニューロンが調べる地区は地区11、地区12、地区13、…、地区66の計6×6＝36個なので、次のような表形式で表現されることになります。

地区11の出力	地区12の出力	…	地区16の出力
地区21の出力	地区22の出力	…	地区26の出力
……	……		……
地区61の出力	地区62の出力	…	地区66の出力

隠れ層のニューロンの出力は
表の形式になる。

ところで、隠れ層には複数のニューロンが配置されています。そこで、隠れ層のニューロンの出力する表は複数枚になります。この出力表のセットを**畳み込み層**といいます。

畳み込み層の出力表
隠れ層のニューロンが入力層のニューロンを小分けして処理した結果の表の集まりである。

この図で、畳み込み層を構成する1枚1枚の表を「畳み込み層の出力表」と呼ぶことにします。

先に示したように、小分けした各地区について、隠れ層のニューロンは、ニューラルネットワークのときと同じ処理を行います。すると、ニューラルネットワークで調べたように、各地区について特徴抽出をすることになります。そして、小分けしたぶん、調べる範囲が絞られ、そのぶん特徴抽出をしやすくなるのです。その特徴抽出の結果が上記の出力表にまとめられているのです。

隠れ層に 3 つのニューロンを配置

以上が畳み込み層の概略です。以下では、具体的に話を進めましょう。

最初に、畳み込みニューラルネットワークの構造を決定します。4 章と比較しやすいように、本章でも隠れ層のニューロン数は 3 個とします。

注 隠れ層に何個のニューロンが必要かは、理論的には決められません。訓練データの性質によるからです。試行錯誤するしかありません。

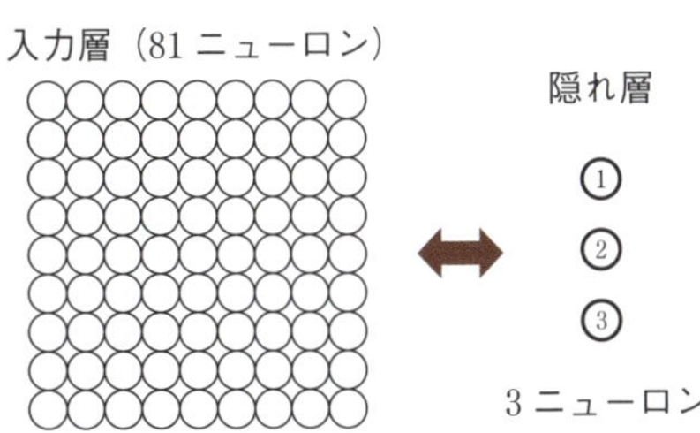

§1で調べたように、隠れ層に3つのニューロンを配置。

いま、隠れ層の 1 番目のニューロン①について見てみましょう。

6×6 個の小分けされた各地区に対して、隠れ層のニューロンは、4 章で調べたニューラルネットワークのときと同じ処理を行います。このとき、小分けされた入力層のニューロンに与える「重み」は下図のように表で表現できます。これら「重み」の表を本書では**フィルター**と呼ぶことにします。そして、フィルターを構成する各値を「フィルターの成分」と呼ぶことにします。

注 文献によっては、フィルターを**カーネル**などと呼んでいます。

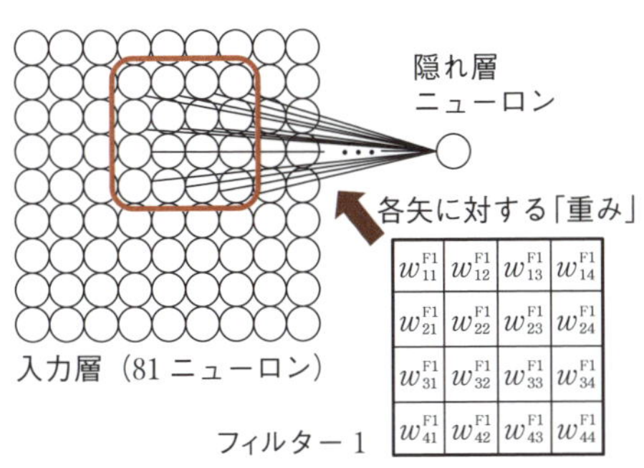

フィルターは小分けされた全地区に共通。フィルターの成分の記号のwは重み（weight）、Fはフィルター（Filter）の頭文字。F1は隠れ層のニューロン①用のフィルターであることを表す。

隠れ層には3つのニューロン①～③を仮定しました。そこで、このようなフィルターは右図のように3枚用意されます。

フィルター 1

w^{F1}_{11}	w^{F1}_{12}	w^{F1}_{13}	w^{F1}_{14}
w^{F1}_{21}	w^{F1}_{22}	w^{F1}_{23}	w^{F1}_{24}
w^{F1}_{31}	w^{F1}_{32}	w^{F1}_{33}	w^{F1}_{34}
w^{F1}_{41}	w^{F1}_{42}	w^{F1}_{43}	w^{F1}_{44}

フィルター 2

w^{F2}_{11}	w^{F2}_{12}	w^{F2}_{13}	w^{F2}_{14}
w^{F2}_{21}	w^{F2}_{22}	w^{F2}_{23}	w^{F2}_{24}
w^{F2}_{31}	w^{F2}_{32}	w^{F2}_{33}	w^{F2}_{34}
w^{F2}_{41}	w^{F2}_{42}	w^{F2}_{43}	w^{F2}_{44}

フィルター 3

w^{F3}_{11}	w^{F3}_{12}	w^{F3}_{13}	w^{F3}_{14}
w^{F3}_{21}	w^{F3}_{22}	w^{F3}_{23}	w^{F3}_{24}
w^{F3}_{31}	w^{F3}_{32}	w^{F3}_{33}	w^{F3}_{34}
w^{F3}_{41}	w^{F3}_{42}	w^{F3}_{43}	w^{F3}_{44}

右上の添え字Fkは隠れ層のニューロンkの用いるフィルターを表す。

さて、隠れ層の3つのニューロンは、ニューラルネットワークのときと同様、「閾値」を持ちます。これを次のように表現しましょう。

θ^{Fk} … 隠れ層k番目のニューロンの閾値 ($1 \leqq k \leqq 3$)

隠れ層のニューロン①に関するパラメーター記号をまとめましょう。

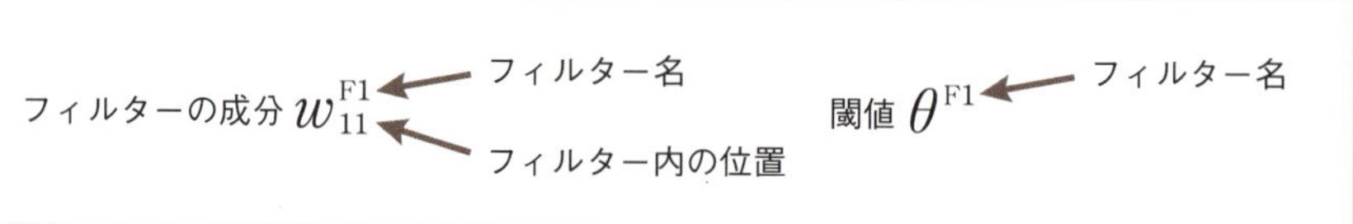

隠れ層のニューロンの出力を式に表現

隠れ層のニューロンの目を通して、小分けした各部分を調べてみましょう。具体的に、隠れ層の1番目のニューロン①が、入力層の地区11をどのように扱うかを調べてみます。

最初に、扱う記号名の位置関係を下図に示します。

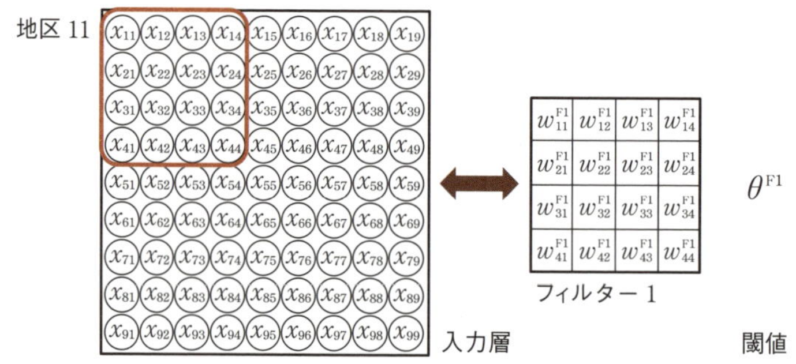

前にも述べましたが、小分けした部分に対する処理の仕方はニューラルネットワークと同じです。すると、この地区11を入力層としたとき、隠れ層のニューロン①に関する「入力の線形和」a_{11}^{F1}は次のように表せます。

$$a_{11}^{F1}=w_{11}^{F1}x_{11}+w_{12}^{F1}x_{12}+w_{13}^{F1}x_{13}+\cdots+w_{44}^{F1}x_{44}-\theta^{F1} \quad \cdots (1)$$

すると、隠れ層のニューロン①の出力値y_{11}^{F1}は、σをシグモイド関数として、次のように表せます。

$$y_{11}^{F1}=\sigma(a_{11}^{F1}) \quad \cdots (2)$$

このy_{11}^{F1}は畳み込み層1枚目の出力表の1行1列目の成分になります。

注 先にも示したように、本書は隠れ層の出力には文字yを用います。

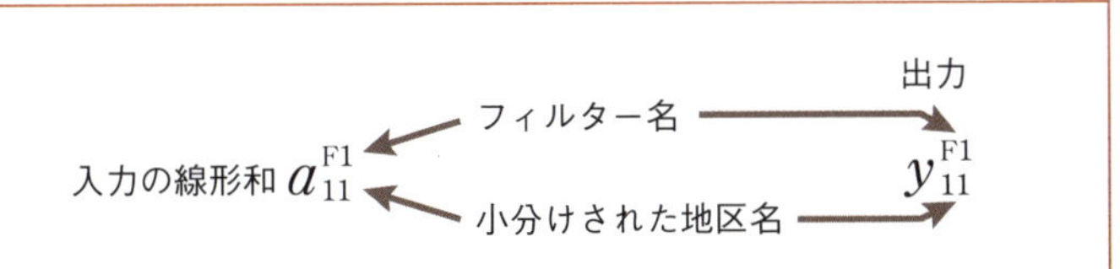

a_{11}^{F1}、y_{11}^{F1}の意味

例1 入力層の小分けした地区66（133ページの図参照）に対して、出力層2番目のニューロン②の出力y_{66}^{F2}を式で表現しましょう。

地区66からこのニューロン②への「入力の線形和」a_{66}^{F2}は次のようになります。

$$a_{66}^{F2}=w_{11}^{F2}x_{66}+w_{12}^{F2}x_{67}+w_{13}^{F2}x_{68}+\cdots+w_{44}^{F2}x_{99}-\theta^{F2} \quad \cdots (3)$$

すると、このニューロンの出力は次の値になります。

$$y_{66}^{F2}=\sigma(a_{66}^{F2}) \quad \cdots (4)$$

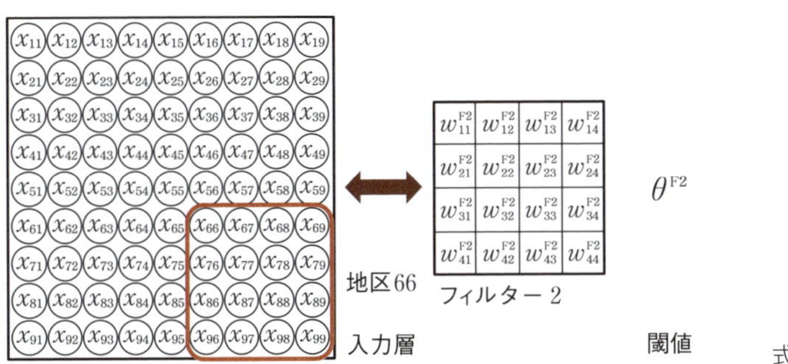

式(3)の関係

この式(4)の y_{66}^{F2} は畳み込み層2枚目の出力表の6行6列目の成分になります。

畳み込み層を具体化

式(2)(4)で得られた隠れ層の出力結果は、次の図のような表にまとめられます。隠れ層に3つのニューロンを仮定したので、出力の表は3枚になります。この1枚1枚が134ページに示した「畳み込み層の出力表」の具体例です。

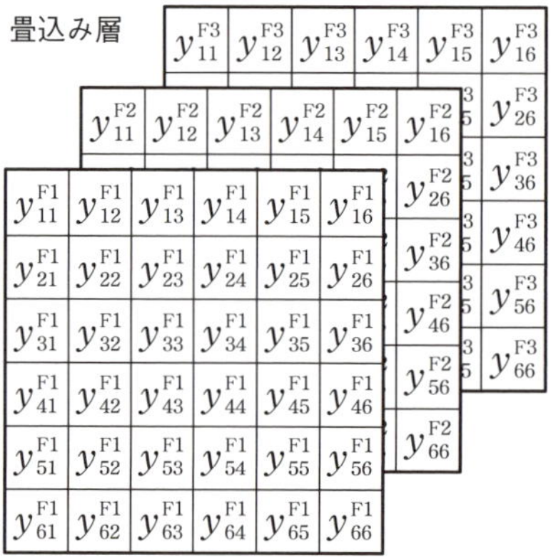

畳込み層

y_{11}^{F3}	y_{12}^{F3}	y_{13}^{F3}	y_{14}^{F3}	y_{15}^{F3}	y_{16}^{F3}

y_{26}^{F3}, y_{36}^{F3}, y_{46}^{F3}, y_{56}^{F3}, y_{66}^{F3}

y_{11}^{F2}	y_{12}^{F2}	y_{13}^{F2}	y_{14}^{F2}	y_{15}^{F2}	y_{16}^{F2}

y_{26}^{F2}, y_{36}^{F2}, y_{46}^{F2}, y_{56}^{F2}, y_{66}^{F2}

y_{11}^{F1}	y_{12}^{F1}	y_{13}^{F1}	y_{14}^{F1}	y_{15}^{F1}	y_{16}^{F1}
y_{21}^{F1}	y_{22}^{F1}	y_{23}^{F1}	y_{24}^{F1}	y_{25}^{F1}	y_{26}^{F1}
y_{31}^{F1}	y_{32}^{F1}	y_{33}^{F1}	y_{34}^{F1}	y_{35}^{F1}	y_{36}^{F1}
y_{41}^{F1}	y_{42}^{F1}	y_{43}^{F1}	y_{44}^{F1}	y_{45}^{F1}	y_{46}^{F1}
y_{51}^{F1}	y_{52}^{F1}	y_{53}^{F1}	y_{54}^{F1}	y_{55}^{F1}	y_{56}^{F1}
y_{61}^{F1}	y_{62}^{F1}	y_{63}^{F1}	y_{64}^{F1}	y_{65}^{F1}	y_{66}^{F1}

隠れ層のニューロンが処理した結果を表に整理したもの。各表を「畳み込み層の出力表」と呼ぶことは、134ページで言及。

隠れ層の3つのニューロンの活躍した結果がこの3枚の表です。小分けした分、「重み」の個数は少なくてすみますが、出力は3枚の表となるのです。この隠れ層のニューロンの出力結果が、**畳み込み層**と呼ばれるのです。先に示したように、これら畳み込み層の1枚1枚の表を、畳み込み層の**出力表**と呼ぶことにしますが、フィルターの目を通した特徴抽出の結果の集大成です。

畳み込み層の出力の公式化とその意味

式(1)～(4)の作り方さえ理解していれば、Excelのワークシートで畳み込み層を実装するは容易です。しかし、他の文献を読む際の確認として、あえてこれまでの結果を公式としてまとめましょう。

隠れ層 k 番目のニューロンが入力層の地区 ij を入力とするとき、その線形和を a_{ij}^{Fk}、出力値を y_{ij}^{Fk} とすると、次のように表せる。

$$a_{ij}^{Fk} = w_{11}^{Fk} x_{ij} + w_{12}^{Fk} x_{ij+1} + w_{13}^{Fk} x_{ij+2} + \cdots + w_{44}^{Fk} x_{i+3j+3} - \theta^{Fk} \quad \cdots (5)$$

$y_{ij}^{Fk} = \sigma(a_{ij}^{Fk})$（$\sigma$ はシグモイド関数）$\cdots$ (6)

式 (5) の記号の関係を図示します。

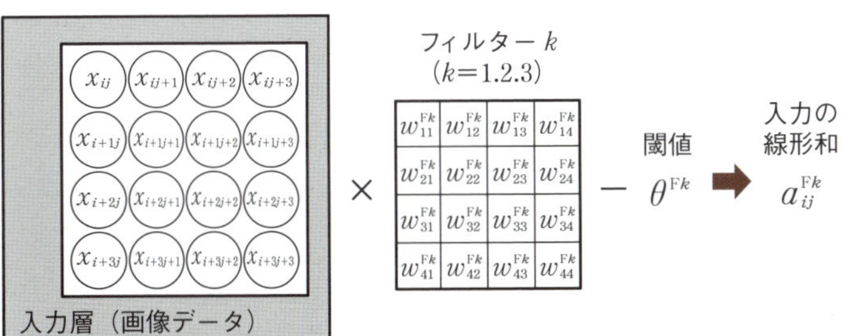

入力層の該当地区にあるニューロンの出力とフィルターとをかけ合わせ、閾値を引いたものが線形和(5)。

畳み込みの意味

公式 (5) を見てください。式の中で、閾値を除いた次の和を考えます。

$$w_{11}^{Fk} x_{ij} + w_{12}^{Fk} x_{ij+1} + w_{13}^{Fk} x_{ij+2} + \cdots + w_{44}^{Fk} x_{i+3j+3} \quad \cdots (7)$$

この和をフィルターによる画像成分の**畳み込み**といいます。

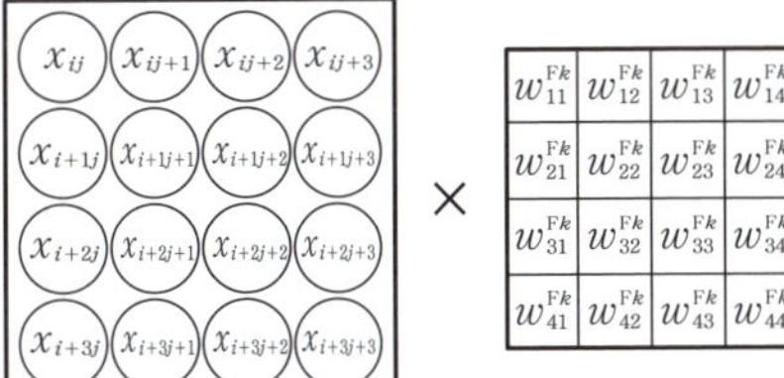

入力信号に定型の数値をかけ合わせることを畳み込みという。

フィルターの成分を決定するのが、本章の目的の一つですが、ここではフィルターを固定して、この畳み込みの意味を考えてみましょう。

数学の世界で、式(7)は次の2つのベクトルの内積です。

$(x_{ij},\ x_{ij+1},\ x_{ij+2},\ \cdots,\ x_{i+3j+3})$、$(w^{\mathrm{F}k}_{11},\ w^{\mathrm{F}k}_{12},\ w^{\mathrm{F}k}_{13},\ \cdots,\ w^{\mathrm{F}k}_{44})$

よく知られているように、2つのベクトルの内積の値が大きいと2つのベクトルは似ていることを示します(→付録D)。ということは、式(7)の和は、調べている地区とフィルターとの類似度を算出したことになります。

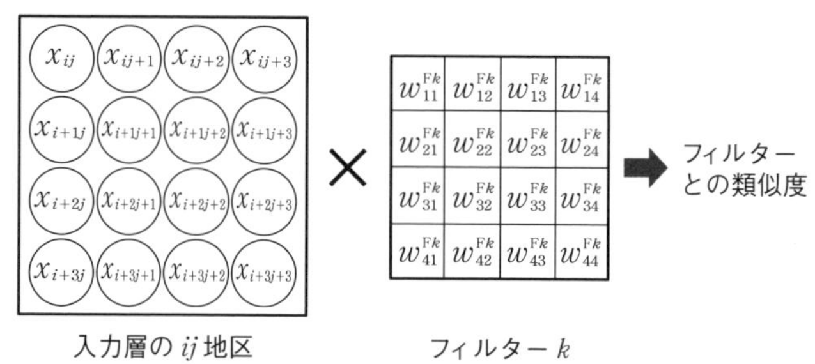

ところで、式(5)はこの(7)から定数の閾値を引いたものですから、類似度という意味に変わりはありません。さらに、それを用いて算出した式(6)の結果の $y^{\mathrm{F}k}_{ij}$ も、シグモイド関数 σ が単調増加であることを考えると、やはり類似度という意味を保持します。ようするに、式(6)で得られた $y^{\mathrm{F}k}_{ij}$ は入力層の区画とフィルターとの類似度を表しているのです。

畳み込みニューラルネットワークの算出結果を解釈するとき、この「類似性」という見方は大切になります。畳み込み層の出力表の各成分は、調べている地区の画素パターンとフィルターの画素パターンとが似ているかどうかを表しているのです。

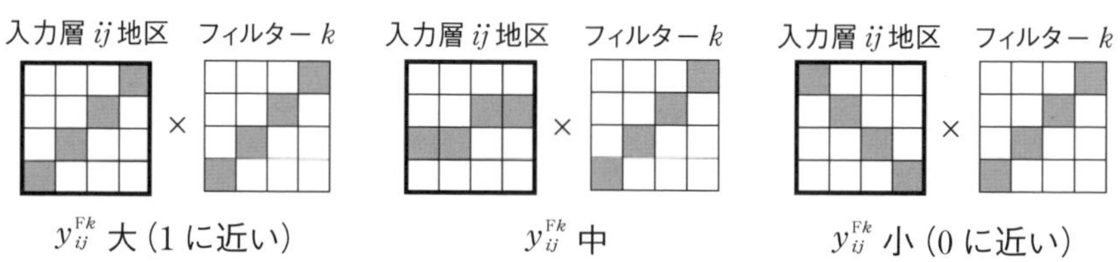

畳み込み層の効果

フィルターを利用して畳み込み層を作成するメリットは「パラメーターを少なくするため」と説明してきました。実際、ニューラルネットワーク及び畳み込みニューラルネットワークの隠れ層で利用するパラメーター数を比較してみましょう。

	ニューラルネットワーク	畳み込みニューラルネットワーク
重み w	3×(9×9)＝243 個	3 × (4 × 4) ＝ 48 個
閾値	3 個	3 個
計	246 個	51 個

数学的な意味では、このようなパラメーター数の減少は計算効率を高めるという効果を生みます。それから派生することですが、さらにありがたいことは、畳み込みニューラルネットワークの隠れ層は効率よく特徴抽出が可能になるということです。

効率よい特徴抽出ということを調べるために、入力層の異なる場所にある次の「×」のパターンの特徴抽出を考えてみましょう。

入力層（81 ニューロン）

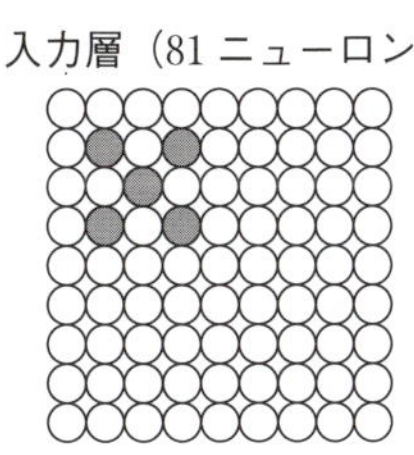

入力層（81 ニューロン）

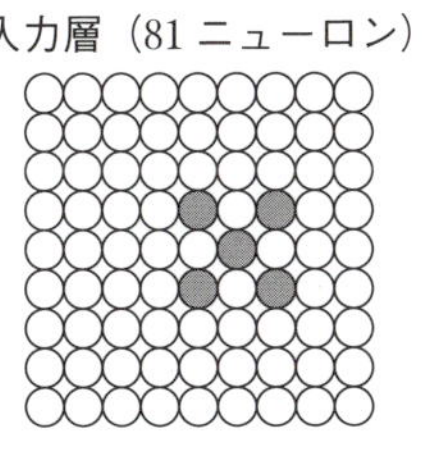

ニューラルネットワークのしくみでは、同一の左右のパターンは異なるものとみなされます。ニューラルネットワークは入力層全体を一度に扱うからです。しかし、畳み込みニューラルネットワークでは、次のフィルターを用いことで同一のものとして特徴抽出できます。このフィルターで画像全体が小分けされてスキャンされるからです。

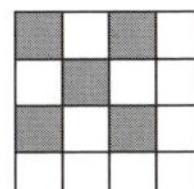

上の図の2つのパターンはこのフィルターで探すことができる。

この効率よい特徴抽出こそが、畳み込みニューラルネットワークの大切な性質なのです。

Excelで畳み込み層を計算しよう

入力層の出力と畳み込み層のフィルターとの関係が調べられたので、それを用いて実際に計算を進めてみましょう。それには次の例題のステップを追うことにします。

例題1 フィルターの成分と閾値の仮の値を入力しましょう。なお、これらのパラメーターの値は次のワークシートの形式で入力します。

注 この例題のワークシートは、ダウンロードサイト（→8ページ）に掲載されたファイル「5.xlsx」の中の「例題」タブに収められています。

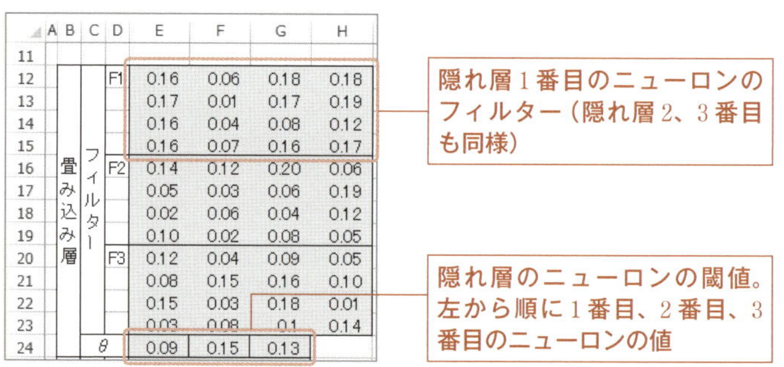

	A	B	C	D	E	F	G	H
11								
12		畳み込み層	フィルター	F1	0.16	0.06	0.18	0.18
13					0.17	0.01	0.17	0.19
14					0.16	0.04	0.08	0.12
15					0.16	0.07	0.16	0.17
16				F2	0.14	0.12	0.20	0.06
17					0.05	0.03	0.06	0.19
18					0.02	0.06	0.04	0.12
19					0.10	0.02	0.08	0.05
20				F3	0.12	0.04	0.09	0.05
21					0.08	0.15	0.16	0.10
22					0.15	0.03	0.18	0.01
23					0.03	0.08	0.1	0.14
24			θ		0.09	0.15	0.13	

隠れ層1番目のニューロンのフィルター（隠れ層2、3番目も同様）
隠れ層のニューロンの閾値。左から順に1番目、2番目、3番目のニューロンの値

解 上の図に示されたフィルターと閾値の領域の1つにRAND関数を入力します。RAND関数は0～1の乱数を発生させる関数です。

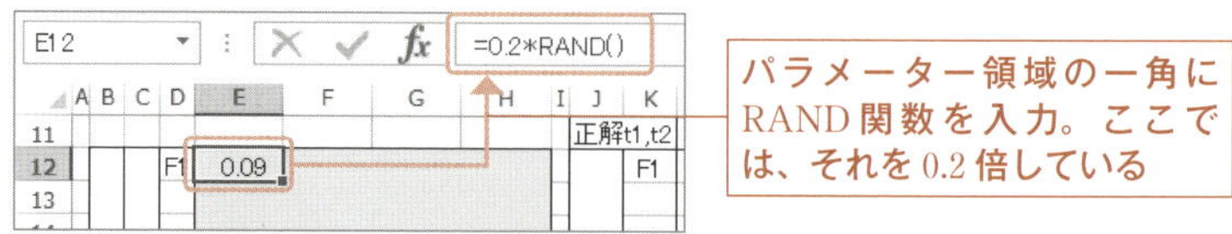
E12
=0.2*RAND()
A B C D E F G H I J K
11
12
13
正解t1,t2
F1
0.09
F1
パラメーター領域の一角にRAND関数を入力。ここでは、それを0.2倍している

ここでは、Excelのソルバーが計算しやすいように、初期値に入力するRAND関数も小さくしています（すなわち、0.2倍しています）。

次に、この関数をすべてのフィルターと閾値の領域にコピーし、値を確定（昔風にいうと「値複写」）します。こうして、〔例題1〕に示されたワークシートが得られます。

例題2　**本章§3の例題（→130ページ）で求めた入力層のニューロンの出力値と、本節例題1で設定したパラメーターの仮の値を利用して、畳み込み層の出力表を作成しましょう。**

注 この例題のワークシートは、ダウンロードサイト（→8ページ）に掲載されたファイル「5.xlsx」の中の「例題」タブに収められています。

解　畳み込み層の作り方にのっとって、隠れ層のニューロン①の出力表を作成しましょう。それには、小分けした区画11（133ページの図で地区11と呼んだところ）について、1番目のフィルターを用いて、式(1)(2)から出力を算出します。

L12　=1/(1+EXP(-SUMPRODUCT($E$12:$H$15,L2:O5)+$E$24))

	A	B	C	D	E	F	G	H	I	J	K	L	M	N	O	P	Q	R	S	T
1		手書き数字1、2の識別(未学習)								番号		1								
2							倍率	0.01				0	0	0	0	0	0	1.07	2.13	0
3												0	0	0	0	0	0.33	2.49	0.07	0
4												0	0	0	0	0.52	2.42	0.74	0	0
5										入		0	0	0	0.05	2.45	1.53	0	0	0
6										力		0	0	0	1.59	2.21	0.01	0	0	0
7										層		0	0	0.32	2.48	0.17	0	0	0	0
8												0	0.03	2.34	0.83	0	0	0	0	0
9												0	0.17	2.44	0.74	0	0	0	0	0
10												0	0	0	0	0	0	0	0	0
11										正解t1,t2		1	0							
12				F1	0.16	0.06	0.18	0.18			F1	0.48								
13					0.17	0.01	0.17	0.19												
14					0.16	0.04	0.08	0.12												
15					0.16	0.07	0.16	0.17												
16		畳	フィ	F2	0.14	0.12	0.20	0.06												

式(1)(2)を用いて、セル番地L12に出力表の最初の成分を算出

この図が示すように、セル番地L12に次の関数を埋め込んでいます。

=1/(1+EXP(−SUMPRODUCT($E$12:$H$15,L2:O5)+$E$24))

参照番地の指定に複合参照を利用していることに留意しましょう。

次に、このセル番地L12の関数を、セル範囲L12：Q17の6×6の区画にコピーしましょう。こうして隠れ層のニューロン①に関する出力表が完成します。

Q17 =1/(1+EXP(-SUMPRODUCT($E$12:$H$15,Q7:T10)+$E$24))

	A	B	C	D	E	F	G	H	I	J	K	L	M	N	O	P	Q	R	S	T
1		手書き数字1、2の識別(未学習)								番号		1								
2							倍率	0.01				0	0	0	0	0	0	1.07	2.13	0
3												0	0	0	0	0	0.33	2.49	0.07	0
4												0	0	0	0	0.52	2.42	0.74	0	0
5										入		0	0	0	0.05	2.45	1.53	0	0	0
6										力		0	0	0	1.59	2.21	0.01	0	0	0
7										層		0	0	0.32	2.48	0.17	0	0	0	0
8												0	0.03	2.34	0.83	0	0	0	0	0
9												0	0.17	2.44	0.74	0	0	0	0	0
10												0	0	0	0	0	0	0	0	0
11										正解t1,t2		1	0							
12				F1	0.16	0.06	0.18	0.18			F1	0.48	0.60	0.73	0.80	0.84	0.75			
13					0.17	0.01	0.17	0.19				0.55	0.72	0.80	0.83	0.81	0.69			
14					0.16	0.04	0.08	0.12				0.65	0.79	0.84	0.83	0.75	0.65			
15					0.16	0.07	0.16	0.17				0.75	0.83	0.83	0.76	0.69	0.54			
16		畳	フ	F2	0.14	0.12	0.20	0.06				0.83	0.82	0.80	0.73	0.58	0.48			
17		み	ィル		0.05	0.03	0.06	0.19				0.78	0.68	0.72	0.64	0.49	0.48			

セル番地L12をL12:Q17の範囲にコピー

同様のことを実行して、隠れ層のニューロン2、3の出力表を作成します。

L24 =1/(1+EXP(-SUMPRODUCT($E$20:$H$23,L2:O5)+$G$24))

	A	B	C	D	E	F	G	H	I	J	K	L	M	N	O	P	Q	R	S	T
1		手書き数字1、2の識別(未学習)								番号		1								
2							倍率	0.01				0	0	0	0	0	0	1.07	2.13	0
3												0	0	0	0	0	0.33	2.49	0.07	0
4												0	0	0	0	0.52	2.42	0.74	0	0
5										入		0	0	0	0.05	2.45	1.53	0	0	0
6										力		0	0	0	1.59	2.21	0.01	0	0	0
7										層		0	0	0.32	2.48	0.17	0	0	0	0
8												0	0.03	2.34	0.83	0	0	0	0	0
9												0	0.17	2.44	0.74	0	0	0	0	0
10												0	0	0	0	0	0	0	0	0
11										正解t1,t2		1	0							
12				F1	0.16	0.06	0.18	0.18			F1	0.48	0.60	0.73	0.80	0.84	0.75			
13					0.17	0.01	0.17	0.19				0.55	0.72	0.80	0.83	0.81	0.69			
14					0.16	0.04	0.08	0.12				0.65	0.79	0.84	0.83	0.75	0.65			
15					0.16	0.07	0.16	0.17				0.75	0.83	0.83	0.76	0.69	0.54			
16		畳	フ	F2	0.14	0.12	0.20	0.06				0.83	0.82	0.80	0.73	0.58	0.48			
17		み	ィ		0.05	0.03	0.06	0.19				0.78	0.68	0.72	0.64	0.49	0.48			
18		込	ル		0.02	0.06	0.04	0.12			F2	0.46	0.51	0.62	0.69	0.70	0.68			
19		み	タ		0.10	0.02	0.08	0.05				0.48	0.62	0.70	0.69	0.71	0.59			
20		層	ー	F3	0.12	0.04	0.09	0.05		畳		0.55	0.71	0.69	0.74	0.64	0.59			
21					0.08	0.15	0.16	0.10		込		0.67	0.68	0.74	0.68	0.62	0.52			
22					0.15	0.03	0.18	0.01		層		0.70	0.69	0.72	0.64	0.54	0.46			
23					0.03	0.08	0.11	0.14				0.63	0.67	0.61	0.57	0.47	0.46			
24			θ		0.09	0.15	0.13				F3	0.47	0.56	0.62	0.74	0.73	0.72			
25			O1	P1	0.13	0.11	0.18					0.52	0.61	0.74	0.75	0.75	0.63			
26					0.10	0.07	0.13					0.57	0.68	0.78	0.76	0.70	0.58			
27					0.12	0.16	0.03					0.62	0.77	0.74	0.73	0.60	0.51			
28				P2	0.09	0.10	0.04					0.74	0.74	0.74	0.63	0.54	0.47			
29					0.19	0.16	0.19					0.72	0.69	0.67	0.59	0.47	0.47			

1番目の画像について、畳み込み層の出力表が完成

これを訓練データ全体にコピーする必要がありますが、その操作は最後に回します。ちなみに、この段階での畳み込み層の出力を見ても意味はありません。フィルターの成分と閾値が仮の値だからです。

§ 5 畳み込みニューラルネットワークのプーリング層

畳み込み層のニューロンが算出した出力表の各成分は、フィルターを通して見た画素情報が凝縮されています。しかし、実際の画像を扱うときには、まだまだ情報量は多すぎます。そこで、さらに情報の縮約を行いましょう。それがプーリング層の役割です。

プーリング層

畳み込み層の出力表は、画像を構成する 9×9(＝81) 画素の情報を 6×6(＝36) 個の情報に縮約した表と考えられます。しかし、まだ大きな情報です。そこで、隠れ層のニューロンの出力表をさらに縮約してみましょう。それを行うのがプーリング層です。

例として、畳み込み層のニューロン①の出力表を見てみましょう。前節で調べたように、この表は6×6の成分を持ちます。それを下図のように2×2の区画に分割してみます。

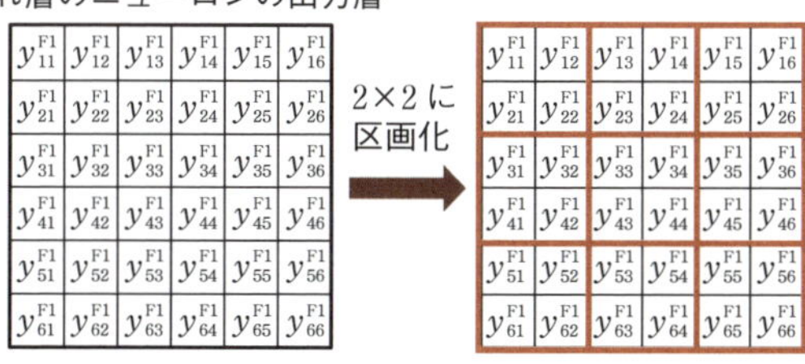

そして、各区画の最大値をその区画の代表値として採用します。次のページの上の図は、隠れ層のニューロン①の出力表を分割し、分割された左上の区画と右下の区画に着目している図です。その各区画から代表値を取り出し、それを p_{11}^{F1}、p_{33}^{F1} としていることを示しています。

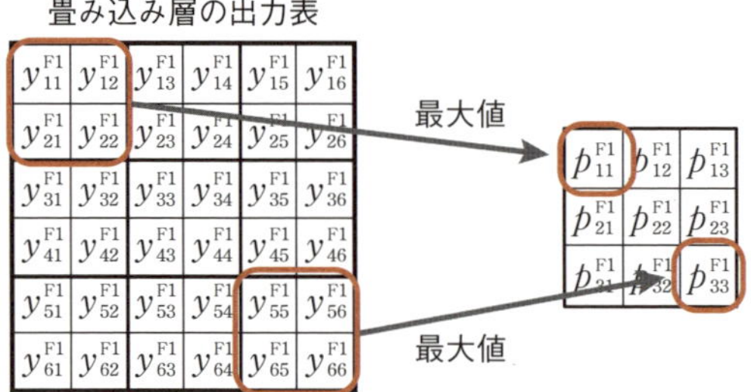

畳み込み層の値とプーリング層の値の関係例(隠れ層のニューロン①の出力の場合)。

この代表値の選び方として有名なものの一つが区画の最大値を選出する方法です。式で示すと、次のように表現できます（他の区画についても同様です）。

$p_{11}^{F1}=\mathrm{Max}(y_{11}^{F1},\ y_{12}^{F1},\ y_{21}^{F1},\ y_{22}^{F1})$ … (1)

$p_{33}^{F1}=\mathrm{Max}(y_{55}^{F1},\ y_{56}^{F1},\ y_{65}^{F1},\ y_{66}^{F1})$

このようにして、畳み込み層に凝縮された画素情報をさらに縮約する方法を**MAX プーリング**（max pooling）と呼びます。

以上の操作を畳み込み層全体について実施してみましょう。畳み込み層の 3 枚の出力表は、大きさ 3×3(＝9) の 3 枚の表に縮約されることになります。

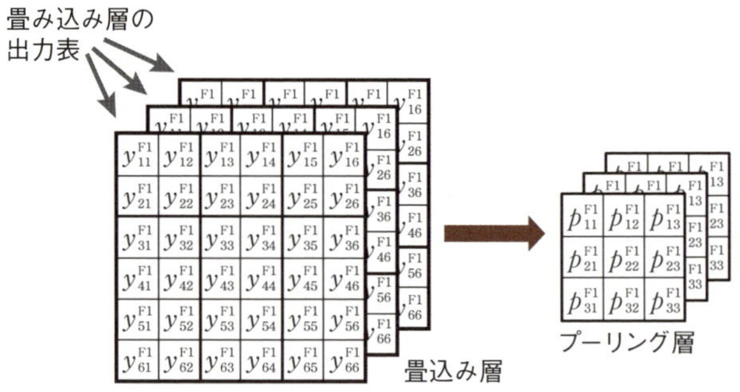

このように、畳み込み層を縮約した新たな表が作る層を**プーリング層**と呼びます。プーリング層を構成する表を**プーリング表**と呼ぶことにします。

畳み込み層の出力表の各成分は、前節で調べたようにフィルターとの類似度を表します。その出力表から MAX プーリングで最大値を選出するということは、フィルターに似たパターンを濃縮することを意味します。畳み込みニューラルネットワークはこのように情報凝縮していくのです。

例1 次の図の左側が畳み込み層の出力値のとき、右が最大プーリングの結果です。

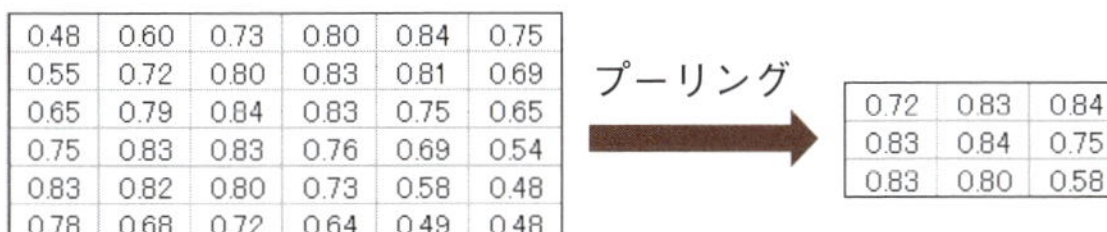

MAXプーリングの例

Excelでプーリング層を計算しよう

前節（§4）で得られた畳み込み層の出力表から、プーリング層を作成しましょう。

例題 前節（§4）で得られた畳み込み層から、プーリング層を形作るプーリング表を求めましょう。

注 この例題のワークシートは、ダウンロードサイト（→8ページ）に掲載されたファイル「5.xlsx」の中の「例題」タブに収められています。

解 MAXプーリングを行うには、ExcelのMAX関数が便利です。先に作成した畳み込み層の出力表に、この関数を2×2区画ごとに適用します。

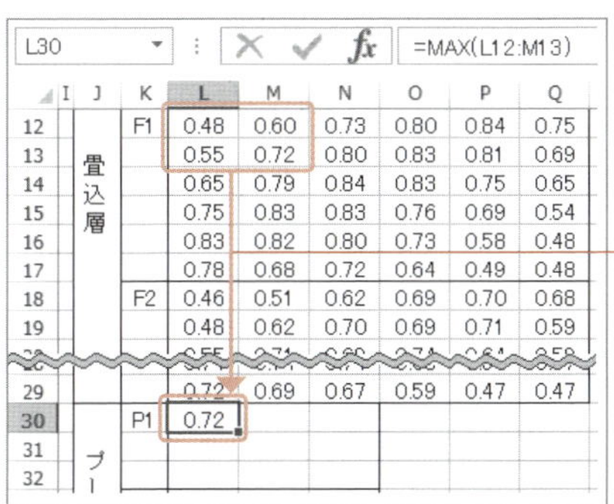

MAX プーリングのための関数入力が面倒なのは、いま入力したセルの関数をそのままコピーして使えないことです。仕方がないので、隣のセルには、手作業でまた新たにMAX 関数を入力します。

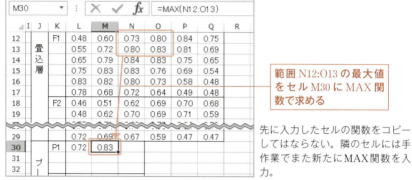

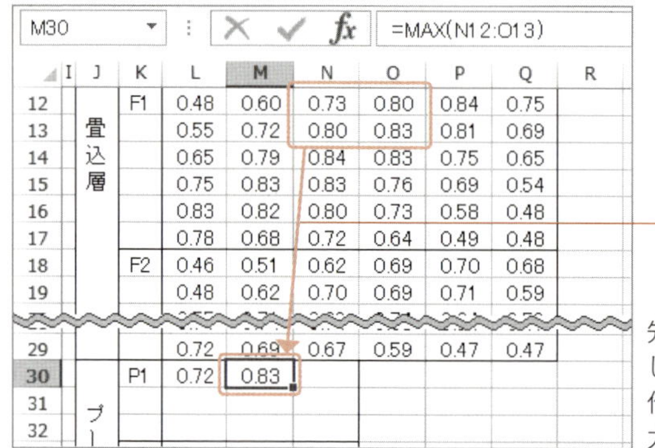

M30　=MAX(N12:O13)

	I	J	K	L	M	N	O	P	Q	R
12		畳込層	F1	0.48	0.60	0.73	0.80	0.84	0.75	
13				0.55	0.72	0.80	0.83	0.81	0.69	
14				0.65	0.79	0.84	0.83	0.75	0.65	
15				0.75	0.83	0.83	0.76	0.69	0.54	
16				0.83	0.82	0.80	0.73	0.58	0.48	
17				0.78	0.68	0.72	0.64	0.49	0.48	
18			F2	0.46	0.51	0.62	0.69	0.70	0.68	
19				0.48	0.62	0.70	0.69	0.71	0.59	
29				0.72	0.69	0.67	0.59	0.47	0.47	
30		プー	P1	0.72	0.83					
31										
32										

範囲 N12:O13 の最大値をセル M30 に MAX 関数で求める

先に入力したセルの関数をコピーしてはならない。隣のセルには手作業でまた新たにMAX関数を入力。

同様な操作をプーリング層全体に行います。多少面倒な作業でしたが、こうしてプーリング層が完成します。

	I	J	K	L	M	N	O	P	Q	R
12		畳込層	F1	0.48	0.60	0.73	0.80	0.84	0.75	
13				0.55	0.72	0.80	0.83	0.81	0.69	
14				0.65	0.79	0.84	0.83	0.75	0.65	
15				0.75	0.83	0.83	0.76	0.69	0.54	
16				0.83	0.82	0.80	0.73	0.58	0.48	
17				0.78	0.68	0.72	0.64	0.49	0.48	
18			F2	0.46	0.51	0.62	0.69	0.70	0.68	
19				0.48	0.62	0.70	0.69	0.71	0.59	
20				0.55	0.71	0.69	0.74	0.64	0.59	
21				0.67	0.68	0.74	0.68	0.62	0.52	
22				0.70	0.69	0.72	0.64	0.54	0.46	
23				0.63	0.67	0.61	0.57	0.47	0.46	
24			F3	0.47	0.56	0.62	0.74	0.73	0.72	
25				0.52	0.61	0.74	0.75	0.75	0.63	
26				0.57	0.68	0.78	0.76	0.70	0.58	
27				0.62	0.77	0.74	0.73	0.60	0.51	
28				0.74	0.74	0.74	0.63	0.54	0.47	
29				0.72	0.69	0.67	0.59	0.47	0.47	
30		プーリング層	P1	0.72	0.83	0.84				
31				0.83	0.84	0.75				
32				0.83	0.80	0.58				
33			P2	0.62	0.70	0.71				
34				0.71	0.74	0.64				
35				0.70	0.72	0.54				
36			P3	0.61	0.75	0.75				
37				0.77	0.78	0.70				
38				0.74	0.74	0.54				

手作業でプーリング層を完成

この結果を訓練データに含まれる画像すべてにコピーする必要がありますが、これまで通り、その操作は最後に回します。また、この段階での畳み込み層の出力を見ても、何も意味ある情報は得られません。パラメーターが仮の値だからです。

Memo

MAXプーリングの公式化

式(1)(→146ページ)の作り方さえ理解していれば、Excelのワークシートでプーリング層を作成するは容易です。しかし、他の文献を読む際の確認として、あえて公式としてまとめましょう。具体的に、隠れ層のニューロン①に関する場合を調べましょう。

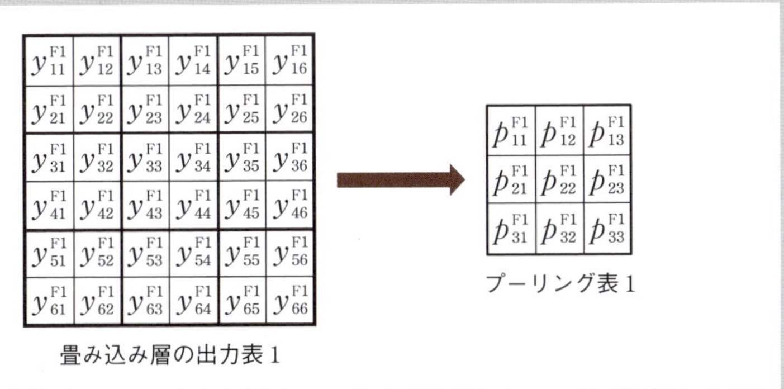

y_{11}^{F1}	y_{12}^{F1}	y_{13}^{F1}	y_{14}^{F1}	y_{15}^{F1}	y_{16}^{F1}
y_{21}^{F1}	y_{22}^{F1}	y_{23}^{F1}	y_{24}^{F1}	y_{25}^{F1}	y_{26}^{F1}
y_{31}^{F1}	y_{32}^{F1}	y_{33}^{F1}	y_{34}^{F1}	y_{35}^{F1}	y_{36}^{F1}
y_{41}^{F1}	y_{42}^{F1}	y_{43}^{F1}	y_{44}^{F1}	y_{45}^{F1}	y_{46}^{F1}
y_{51}^{F1}	y_{52}^{F1}	y_{53}^{F1}	y_{54}^{F1}	y_{55}^{F1}	y_{56}^{F1}
y_{61}^{F1}	y_{62}^{F1}	y_{63}^{F1}	y_{64}^{F1}	y_{65}^{F1}	y_{66}^{F1}

畳み込み層の出力表1

p_{11}^{F1}	p_{12}^{F1}	p_{13}^{F1}
p_{21}^{F1}	p_{22}^{F1}	p_{23}^{F1}
p_{31}^{F1}	p_{32}^{F1}	p_{33}^{F1}

プーリング表1

この図から、プーリング表の i 行 j 列の値 p_{ij}^{F1} は、畳み込み層の出力表の値を利用して、次のように求められます(i、j は1から3までの整数)。

$$p_{ij}^{F1} = \mathrm{Max}(y_{2i-1\,2j-1}^{F1},\ y_{2i-1\,2j}^{F1},\ y_{2i\,2j-1}^{F1},\ y_{2i\,2j}^{F1})$$

これを一般化すると、次のように表すことができます。ここで、k は隠れ層のニューロンの番号(すなわち畳み込み層の出力シートの番号)です。

$$p_{ij}^{Fk} = \mathrm{Max}(y_{2i-1\,2j-1}^{Fk},\ y_{2i-1\,2j}^{Fk},\ y_{2i\,2j-1}^{Fk},\ y_{2i\,2j}^{Fk})$$

かなり面倒な式です。繰り返しますが、Excelで畳み込みニューラルネットワークを実装する際には、このような式が不要です。

§6 畳み込みニューラルネットワークの出力層

本節では畳み込みニューラルネットワークの出力層について調べましょう。この層の機能はニューラルネットワークの場合と同じです。下の層（プーリング層）と全結合し、プーリング層で濃縮された情報をまとめ、ネットワーク全体の判断を出力します。

出力層はニューラルネットワークと同じ機能

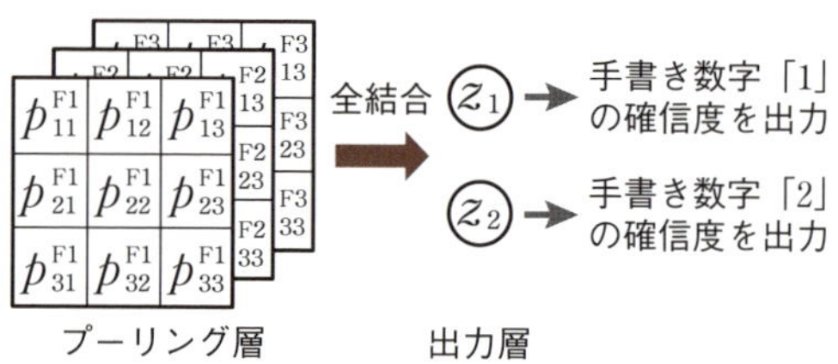

前の節（§5）で、プーリング層は入力情報を濃縮することを調べました。その濃縮情報からネットワーク全体の判断を出力するのが出力層の役割です。今の〔テーマⅡ〕は手書き数字「1」「2」の区別なので、出力層は2つのニューロンから成り立ちます。

図に示したように、出力層の上から順にニューロン名を z_1、z_2 とし、それらの出力も同じ z_1、z_2 と表すことにします。

出力層1番目のニューロン z_1 は、手書き数字「1」が入力されたときに1が、そうでないときには0が算出されることを期待される変数です。2番目のニューロン z_2 は、手書き数字「2」が入力されたときに1が、そうでないときには0が算出されることを期待される変数です。

出力層とプーリング層は全結合で結ばれる

ニューラルネットワークにおいては、出力層のニューロンと隠れ層の出力とは全結合しました。同様に畳み込みニューラルネットワークでも、出力層のニューロンとプーリング層の各成分とは全結合します。プーリング層の各表（すなわちプーリング表）の値と出力層のニューロンとはすべて矢で結ばれるのです。こうすることで、ニューラルネットワークのときと同じしくみで特徴抽出の結論を出力することが可能になります。

例1 出力層1番目のニューロンに関して、入力の線形和 a^{O1} とこれから得られる出力 z_1 を具体的に書き下してみましょう。

入力の線形和とその出力の定義から、次のように書き下せます。

$$a^{O1} = w^{O1}_{1-11} p^{F1}_{11} + w^{O1}_{1-12} p^{F1}_{12} + \cdots + w^{O1}_{2-11} p^{F2}_{11} + w^{O1}_{2-12} p^{F2}_{12} + \cdots + w^{O1}_{3-11} p^{F3}_{11} + w^{O1}_{3-12} p^{F3}_{12} + \cdots - \theta^{O1} \quad \cdots (1)$$

$z_1 = \sigma(a^{O1})$ （σ をシグモイド関数） $\cdots (2)$

ここで、係数 w^{O1}_{k-ij} は出力層1番目のニューロンが k 枚目のプーリング表の i 行 j 列目にある値に課す重みです。また、θ^{O1} は出力層1番目のニューロンが持つ閾値です。

例2 w^{O1}_{2-13} は出力層1番目のニューロンが2枚目のプーリング表の1行3列目にある値に課す重みです（下図）。

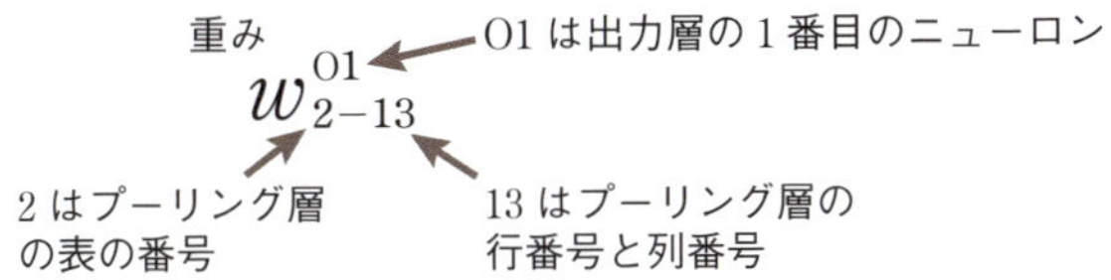

式 (1) は複雑なので、変数間の関係を図で例示しましょう。

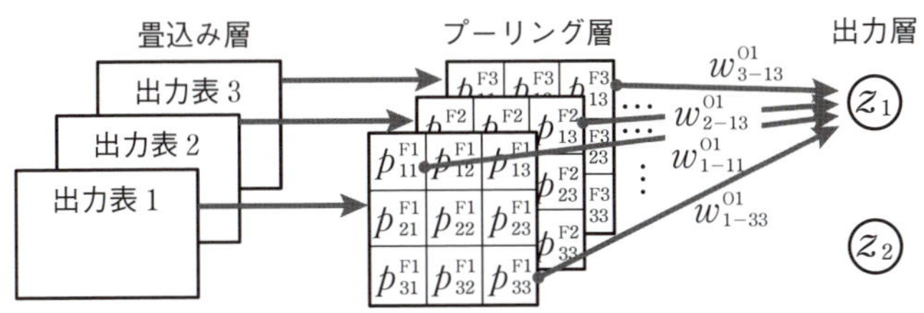

出力層のニューロンの出力 z_1 を書き下すための変数とパラメーターの関係。

入力層から出力層までまとめよう

こうして、いま調べている〔テーマⅡ〕に対する畳み込みニューラルネットワークの概形が完成しました。これまでバラバラに描いてきた図を統合してみましょう。それが次の図です。本章の〔テーマⅡ〕の畳み込みニューラルネットワークの形が完成したのです。

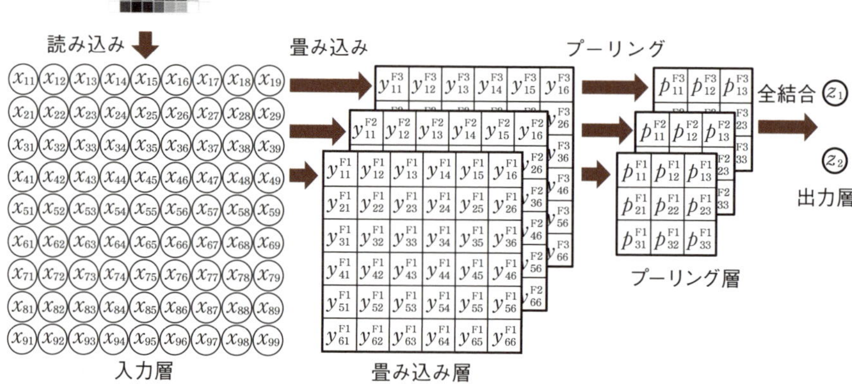

Excelで出力層を計算しよう

前節（§5）で得られたプーリング層から、出力層の計算をしましょう。こうして、画像1枚について、その表す数字が「1」か「2」かを判断するワークシートが完成します。

そのために、まず、出力層の各ニューロンがプーリング表の各成分に与える重みと、そのニューロンの閾値の仮の値を設定します。その上で式(1)(2)から、出力層のニューロンの出力を計算します。この出力が畳み込みニューラルネットワークの判断の結論になります。

例題1 出力層の重みと閾値の仮の値を入力しましょう。なお、これらのパラメーターの値は次のワークシートの形式で入力します。

注 この例題の結果のワークシートは、ダウンロードサイト（→8ページ）に掲載されたファイル「5.xlsx」の中の「例題」タブに収められています。

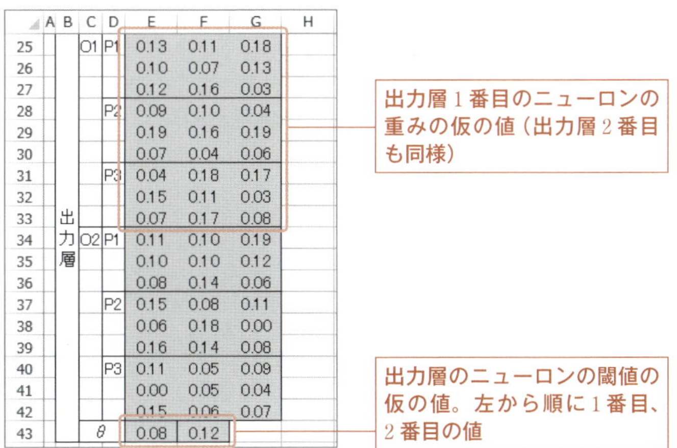

	B	C	D	E	F	G
25	出力層	O1	P1	0.13	0.11	0.18
26				0.10	0.07	0.13
27				0.12	0.16	0.03
28			P2	0.09	0.10	0.04
29				0.19	0.16	0.19
30				0.07	0.04	0.06
31			P3	0.04	0.18	0.17
32				0.15	0.11	0.03
33				0.07	0.17	0.08
34		O2	P1	0.11	0.10	0.19
35				0.10	0.10	0.12
36				0.08	0.14	0.06
37			P2	0.15	0.08	0.11
38				0.06	0.18	0.00
39				0.16	0.14	0.08
40			P3	0.11	0.05	0.09
41				0.00	0.05	0.04
42				0.15	0.06	0.07
43		θ		0.08	0.12	

解 上の図に示されたフィルターと閾値の領域の1つにRAND関数を入力します。RAND関数は0～1の乱数を発生させる関数です（→2章§1）。

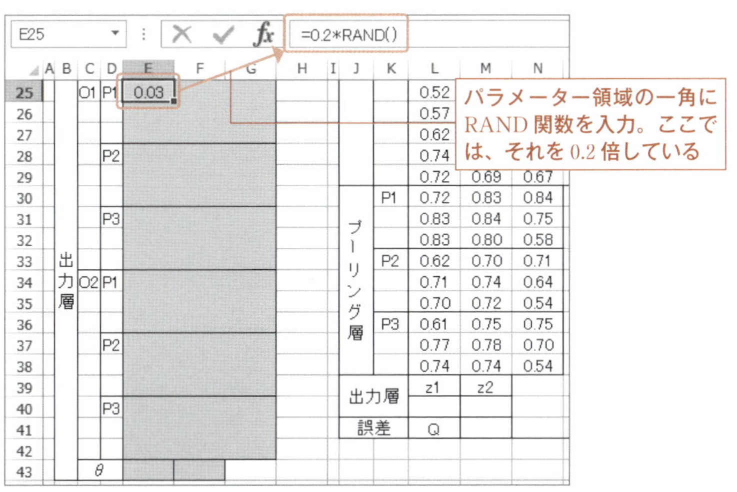

E25　=0.2*RAND()

	B	C	D	E	F	G	J	K	L	M	N
25	出力層	O1	P1	0.03					0.52		
26									0.57		
27									0.62		
28			P2						0.74		
29									0.72	0.69	0.67
30							プーリング層	P1	0.72	0.83	0.84
31			P3						0.83	0.84	0.75
32									0.83	0.80	0.58
33								P2	0.62	0.70	0.71
34		O2	P1						0.71	0.74	0.64
35									0.70	0.72	0.54
36								P3	0.61	0.75	0.75
37			P2						0.77	0.78	0.70
38									0.74	0.74	0.54
39							出力層		z1	z2	
40			P3								
41							誤差		Q		
42											
43		θ									

パラメーター領域の一角にRAND関数を入力。ここでは、それを0.2倍している

本章 §4 と同様、Excel のソルバーが計算しやすいように、初期値に入力する RAND 関数も小さくしています（すなわち、0.2 倍しています）。

次に、この関数をすべてのフィルターと閾値の領域にコピーし、値を確定（値複写）します。こうして、〔例題 1〕の題意にある仮の値のワークシートが得られます。

例題 2　**前節（§5）で求めたプーリング層から、訓練データの手書き数字の 1 番目の画像について、出力層の 2 つのニューロンの出力を算出しましょう。**

注 この例題のワークシートは、ダウンロードサイト（→8ページ）に掲載されたファイル「5.xlsx」の中の「例題」タブに収められています。

解　前節で得られたプーリング表を利用して、出力層 1 番目のニューロンについて、その出力値 z_1 を求めます。計算式は式 (1)(2) に従います。なお、重みや閾値については、〔例題 1〕で作成した仮の値を利用します。

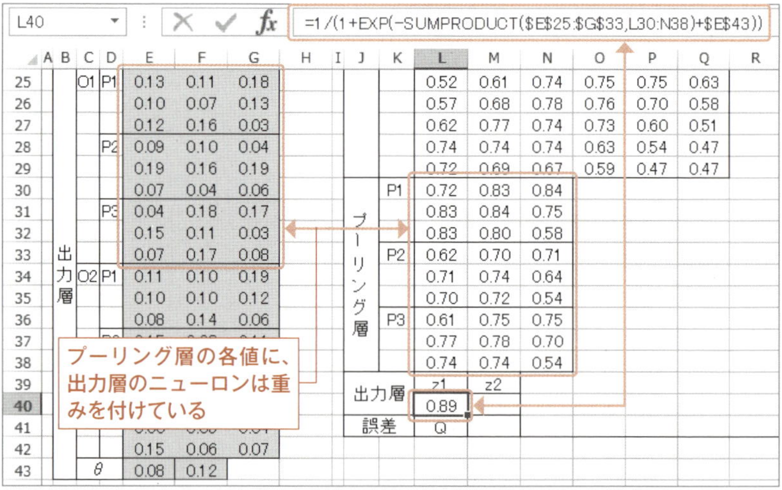

L40　=1/(1+EXP(-SUMPRODUCT($E$25:$G$33,L30:N38)+$E$43))

	B	C	D	E	F	G	J	K	L	M	N	O	P	Q
25		O1	P1	0.13	0.11	0.18			0.52	0.61	0.74	0.75	0.75	0.63
26				0.10	0.07	0.13			0.57	0.68	0.78	0.76	0.70	0.58
27				0.12	0.16	0.03			0.62	0.77	0.74	0.73	0.60	0.51
28			P2	0.09	0.10	0.04			0.74	0.74	0.74	0.63	0.54	0.47
29				0.19	0.16	0.19			0.72	0.69	0.67	0.59	0.47	0.47
30				0.07	0.04	0.06		P1	0.72	0.83	0.84			
31			P3	0.04	0.18	0.17			0.83	0.84	0.75			
32				0.15	0.11	0.03			0.83	0.80	0.58			
33				0.07	0.17	0.08		P2	0.62	0.70	0.71			
34	出力層	O2	P1	0.11	0.10	0.19	プーリング層		0.71	0.74	0.64			
35				0.10	0.10	0.12			0.70	0.72	0.54			
36				0.08	0.14	0.06		P3	0.61	0.75	0.75			
37									0.77	0.78	0.70			
38									0.74	0.74	0.54			
39							出力層		z1	z2				
40									0.89					
41							誤差		Q					
42				0.15	0.06	0.07								
43		θ		0.08	0.12									

プーリング層の各値に、出力層のニューロンは重みを付けている

同様の操作を出力層 2 番目のニューロンについて行い、その出力値 z_2 を求めます。

注 L40 を M40 にそのままコピーしてはいけません。

M40 =1/(1+EXP(-SUMPRODUCT($E$34:$G$42,L30:N38)+$F$43))

	A	B	C	D	E	F	G	H	I	J	K	L	M	N	O	P	Q	R
25			O1	P1	0.13	0.11	0.18					0.52	0.61	0.74	0.75	0.75	0.63	
26					0.10	0.07	0.13					0.57	0.68	0.78	0.76	0.70	0.58	
27					0.12	0.16	0.03					0.62	0.77	0.74	0.73	0.60	0.51	
28				P2	0.09	0.10	0.04					0.74	0.74	0.74	0.63	0.54	0.47	
29					0.19	0.16	0.19					0.72	0.69	0.67	0.59	0.47	0.47	
30					0.07	0.04	0.06			プーリング層	P1	0.72	0.83	0.84				
31				P3	0.04	0.18	0.17					0.83	0.84	0.75				
32					0.15	0.11	0.03					0.83	0.80	0.58				
33		出力層			0.07	0.17	0.08				P2	0.62	0.70	0.71				
34			O2	P1	0.11	0.10	0.19					0.71	0.74	0.64				
35					0.10	0.10	0.12					0.70	0.72	0.54				
36					0.08	0.14	0.06				P3	0.61	0.75	0.75				
37				P2	0.15	0.08	0.11					0.77	0.78	0.70				
38					0.06	0.18	0.00					0.74	0.74	0.54				
39					0.16	0.14	0.08			出力層		z1	z2					
40				P3	0.11	0.05	0.09					0.89	0.85					
41					0.00	0.05	0.04			誤差		Q						
42					0.15	0.06	0.07											
43			θ		0.08	0.12												

プーリング層の各値に、出力層のニューロンは重みを付けている

以上で、手書き数字の1番目の画像について、仮の重みと閾値から出力層のニューロンの出力が得られました。

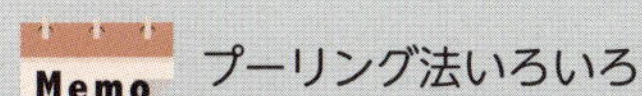

Memo プーリング法いろいろ

本節の解説では、プーリングの方法として最大プーリングを利用しました。対象の領域の最大値を代表値として採用する情報の縮約法です。プーリング方法にはこれ以外にもいろいろあります。有名なものを次の表に記載します。

名称	解説
最大プーリング	対象の領域の最大値を採用する縮約法。
平均プーリング	対象の領域の平均値を採用する縮約法。
L2 プーリング	例えば4つの出力 y_1、y_2、y_3、y_4 に対して $\sqrt{y_1^2+y_2^2+y_3^2+y_4^2}$ を採用する縮約法。

7 正解と出力の誤差

1枚の数字画像を対象にして、畳み込みニューラルネットワークが「1」か「2」かの判断を下すワークシートが出来上がりました。本節では、その出力の評価を数値化します。その考え方は、回帰分析（2章 §4）やニューラルネットワーク（4章 §4）のときと同じです。

正解の表現法の確認

先に調べたように（→本章 §3）、手書き数字画像の正解は下図のように、t_1、t_2 の2つの変数の組として表現しています。

J	K	L	M	N	O	P	Q	R	S	T
番号		1								
入力層		0	0	0	0	0	0	1.07	2.13	0
		0	0	0	0	0	0.33	2.49	0.07	0
		0	0	0	0	0.52	2.42	0.74	0	0
		0	0	0	0.05	2.45	1.53	0	0	0
		0	0	0	1.59	2.21	0.01	0	0	0
		0	0	0.32	2.48	0.17	0	0	0	0
		0	0.03	2.34	0.83	0	0	0	0	0
		0	0.17	2.44	0.74	0	0	0	0	0
		0	0	0	[illegible]	0	0	0	0	0
正解(t1	,t2)	1	0							

正解の欄

そこで調べたように、この変数 t_1、t_2 は次の表のように定義されました。

	意味	画像が「1」	画像が「2」
t_1	「1」の正解変数	1	0
t_2	「2」の正解変数	0	1

ニューラルネットワーク（4章）のときにも確認しましたが、このような正解の表現を用いると、出力層の2つのニューロンとピッタリと対応がとれます。次の図は、2つの画像例について各変数値を示しています。

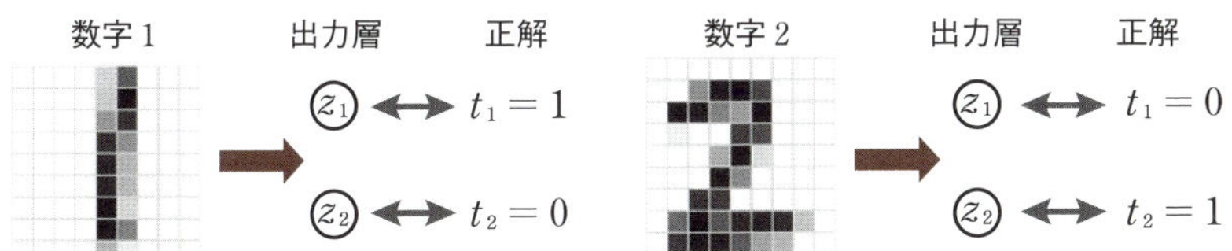

算出値と正解との誤差の表現

出力層1番目のニューロン z_1 は、手書き数字が「1」と思われるとき1に、そうでないときには0に近い値が算出されることが期待されます。2番目のニューロン z_2 は、手書き数字が「2」と思われるとき1に、そうでないときには0に近い値が算出されることが期待されます。すなわち、出力層のニューロンの出力 z_1、z_2 には、畳み込みニューラルネットワークの算出した手書き数字「1」、「2」の確信度がセットされていると考えられます。

	期待される値	
	画像が「1」のとき	画像が「2」のとき
z_1	1に近い値	0に近い値
z_2	0に近い値	1に近い値

そこで、1つの手書き数字画像について、ネットワークが算出した計算値と正解との誤差 Q は次のように表せます。これを**平方誤差**と呼ぶことは、すでに2章 §4や4章 §4でも調べました。

$$Q=(t_1-z_1)^2+(t_2-z_2)^2 \quad \cdots (1)$$

注 多くの文献には、この式(1)に係数1/2が付いています。それは微分計算を簡潔にするためです。本書では微分計算をしないので略し簡潔にします。

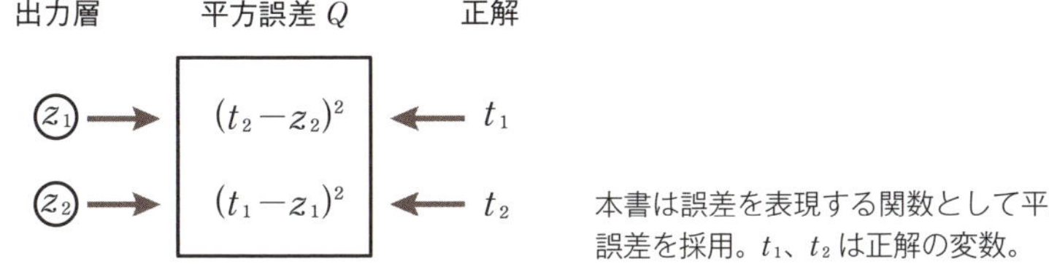

本書は誤差を表現する関数として平方誤差を採用。t_1、t_2 は正解の変数。

Excel で平方誤差を計算しよう

前節（§6）のワークシートを用いて、実際に平方誤差 (1) を算出してみましょう。

例題 前節（§6）で得られた出力層のニューロンの出力値から、訓練データの1番目の手書き数字画像について、平方誤差を計算しましょう。

注 この例題のワークシートは、ダウンロードサイト（→8ページ）に掲載されたファイル「5.xlsx」の中の「例題」タブに収められています。

解　下図のワークシートに示すように、平方誤差 Q の算出には Excel の SUMXMY2 関数が威力を発揮します。

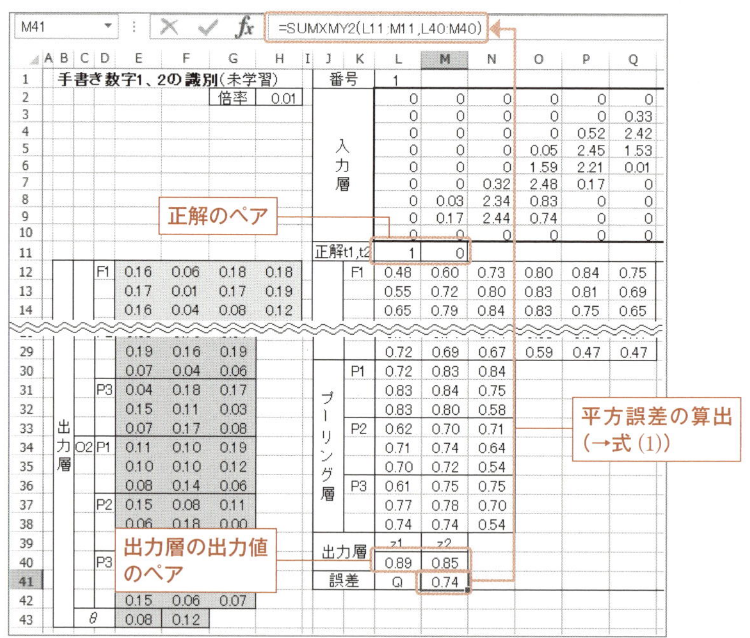

以上で、手書き数字の1番目の画像について、仮の重みと閾値から得られた出力層のニューロンの出力値の評価が数値化されました。

§ 8 畳み込みニューラルネットワークの目的関数

前節では、1つの数字画像について、その出力値の平方誤差を算出しました。畳み込みニューラルネットワークを最適化するには、訓練データ全体について平方誤差を求め、加え合わせなければなりません。

目的関数 Q_T を求める

考えているネットワークにおいては、出力層の出力が z_1、z_2 の2つ、それに対応して訓練データには正解 t_1、t_2とすると、前節 §7 で調べたように、正解と出力値との誤差 Q は次の式で表せることを調べました。

$$Q = (t_1 - z_1)^2 + (t_2 - z_2)^2 \quad \cdots (1)$$

ところで、この議論は手書き数字画像1枚を対象にした議論です。訓練データ全体で考えるとき、ネットワーク全体について、これを加え合わせなければなりません。すなわち、k 番目の手書き数字画像についての誤差 Q_k を誤差の式 (1) から求め、それらの総和 Q_T を求めます。

$$Q_T = Q_1 + Q_2 + \cdots + Q_{190} \quad \cdots (2)$$

注 この190は今考えている〔テーマⅡ〕の題意にある訓練データに含まれる画像の枚数です（→本章 §2）。

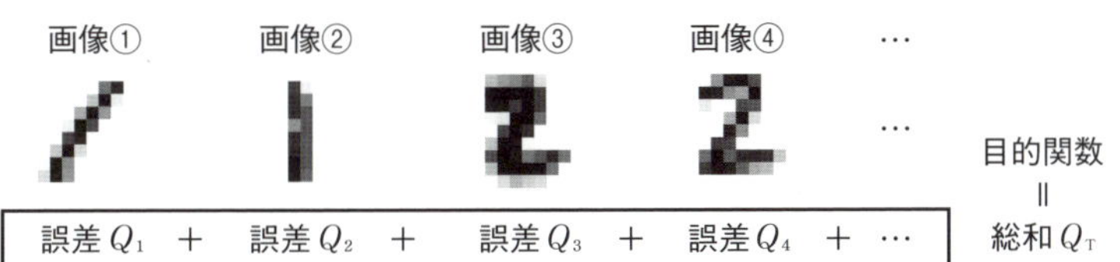

訓練データ全体について考えるとき、この誤差の総和 Q_T が、ネットワークが算出した理論値と正解との誤差になります。この Q_T を**目的関数**と呼びます。この論理は2章の回帰分析や4章のニューラルネットワークのときと同様です。

Excelで目的関数を計算しよう

訓練データ全体についての誤差の総和である目的関数の値を算出します。

例題　前節（§7）までに作成したワークシートを利用して、目的関数(2)の値を算出しましょう。

注　この例題のワークシートは、ダウンロードサイト（→8ページ）に掲載されたファイル「5.xlsx」の中の「例題」タブに収められています。

解　1番目の手書き数字画像とその正解に関して、これまで作成してきたワークシートを以下にまとめましょう。

	A	B	C	D	E	F	G	H	I	J	K	L	M	N	O	P	Q	R	S	T
1		手書き数字1、2の識別（未学習）								番号		1								
2							倍率	0.01				0	0	0	0	0	0	1.07	2.13	0
3												0	0	0	0	0	0.33	2.49	0.07	0
4												0	0	0	0	0.52	2.42	0.74	0	0
5										入力層		0	0	0	0.05	2.45	1.53	0	0	0
6												0	0	0	1.59	2.21	0.01	0	0	0
7												0	0	0.32	2.48	0.17	0	0	0	0
8												0	0.03	2.34	0.83	0	0	0	0	0
9												0	0.17	2.44	0.74	0	0	0	0	0
10												0	0	0	0	0	0	0	0	0
11										正解t1,t2		1	0							
12				F1	0.16	0.06	0.18	0.18			yF1	0.481	0.601	0.728	0.797	0.839	0.753			
13					0.17	0.01	0.17	0.19				0.549	0.723	0.799	0.832	0.808	0.688			
14					0.16	0.04	0.08	0.12				0.645	0.792	0.836	0.826	0.748	0.650			
15					0.16	0.07	0.16	0.17				0.747	0.829	0.834	0.763	0.692	0.541			
16		畳み込み層	フィルター	F2	0.14	0.12	0.20	0.06				0.826	0.820	0.796	0.728	0.576	0.479			
17					0.05	0.03	0.06	0.19				0.778	0.683	0.724	0.643	0.486	0.479			
18					0.02	0.06	0.04	0.12			yF2	0.463	0.510	0.621	0.691	0.696	0.676			
19					0.10	0.02	0.08	0.05				0.484	0.618	0.701	0.687	0.709	0.593			
20				F3	0.12	0.04	0.09	0.05		畳込層		0.550	0.709	0.694	0.736	0.641	0.588			
21					0.08	0.15	0.16	0.10				0.667	0.685	0.738	0.676	0.620	0.516			
22					0.15	0.03	0.18	0.01				0.703	0.687	0.718	0.636	0.542	0.463			
23					0.03	0.08	0.1	0.14				0.634	0.667	0.612	0.567	0.468	0.462			
24			θ		0.09	0.15	0.13				yF3	0.470	0.558	0.625	0.739	0.727	0.720			
25			O1	P1	0.13	0.11	0.18					0.525	0.609	0.738	0.753	0.752	0.633			
26					0.10	0.07	0.13					0.569	0.685	0.775	0.757	0.702	0.576			
27					0.12	0.16	0.03					0.620	0.767	0.737	0.725	0.603	0.512			
28				P2	0.09	0.10	0.04					0.743	0.744	0.742	0.625	0.535	0.468			
29					0.19	0.16	0.19					0.715	0.695	0.672	0.585	0.473	0.468			
30					0.07	0.04	0.06				P1	0.723	0.832	0.839						
31				P3	0.04	0.18	0.17					0.829	0.836	0.748						
32					0.15	0.11	0.03					0.826	0.796	0.576						
33					0.07	0.17	0.08			プーリング層	P2	0.618	0.701	0.709						
34		出力層	O2	P1	0.11	0.10	0.19					0.709	0.738	0.641						
35					0.10	0.10	0.12					0.703	0.718	0.542						
36					0.08	0.14	0.06				P3	0.609	0.753	0.752						
37				P2	0.15	0.08	0.11					0.767	0.775	0.702						
38					0.06	0.18	0.00					0.744	0.742	0.535						
39					0.16	0.14	0.08			出力層		z1	z2							
40				P3	0.11	0.05	0.09					0.891	0.854							
41					0.00	0.05	0.04			誤差		Q	0.741							
42					0.15	0.06	0.07													
43			θ		0.08	0.12														

この1番目の画像に関するワークシートを、訓練データ全部にコピーしましょう。これで、全訓練データについてのワークシートが完成です。

	J	K	L	M	N	O	P	Q	R	S	T
1	番号		1								
2	入力層		0	0	0	0	0	0	1.07	2.13	0
3			0	0	0	0	0	0.33	2.49	0.07	0
4			0	0	0	0	0.52	2.42	0.74	0	0
5			0	0	0	0.05	2.45	1.53	0	0	0
6			0	0	0	1.59	2.21	0.01	0	0	0
7			0	0	0.32	2.48	0.17	0	0	0	0
8			0	0.03	2.34	0.83	0	0	0	0	0
9			0	0.17	2.44	0.74	0	0	0	0	0
10			0	0	0	0	0	0	0	0	0
11	正解t1,t2		1	0							
12	畳込層	F1	0.48	0.60	0.73	0.80	0.84	0.75			
13			0.55	0.72	0.80	0.83	0.81	0.69			
14			0.65	0.79	0.84	0.83	0.75	0.65			
15			0.75	0.83	0.83	0.76	0.69	0.54			
16			0.83	0.82	0.80	0.73	0.58	0.48			
17			0.78	0.68	0.72	0.64	0.49	0.48			
18		F2	0.46	0.51	0.62	0.69	0.70	0.68			
19			0.48	0.62	0.70	0.69	0.71	0.59			
20			0.55	0.71	0.69	0.74	0.64	0.59			
21			0.67	0.68	0.74	0.68	0.62	0.52			
22			0.70	0.69	0.72	0.64	0.54	0.46			
23			0.63	0.67	0.61	0.57	0.47	0.46			
24		F3	0.47	0.56	0.62	0.74	0.73	0.72			
25			0.52	0.61	0.74	0.75	0.75	0.63			
26			0.57	0.68	0.78	0.76	0.70	0.58			
27			0.62	0.77	0.74	0.73	0.60	0.51			
28			0.74	0.74	0.74	0.63	0.54	0.47			
29			0.72	0.69	0.67	0.59	0.47	0.47			
30	プーリング層	P1	0.72	0.83	0.84						
31			0.83	0.84	0.75						
32			0.83	0.80	0.58						
33		P2	0.62	0.70	0.71						
34			0.71	0.74	0.64						
35			0.70	0.72	0.54						
36		P3	0.61	0.75	0.75						
37			0.77	0.78	0.70						
38			0.74	0.74	0.54						
39	出力層		z1	z2							
40			0.89	0.85							
41	誤差		Q	0.74							

	BMW	BMX	BMY	BMZ	BNA	BNB	BNC	BND	BNE
1	190								
2	0	0	0	0	0.74	0.88	0	0	0
3	0	0	0	0	1.89	0.57	0	0	0
4	0	0	0	0	2.28	0.38	0	0	0
5	0	0	0	0	2.52	0.11	0	0	0
6	0	0	0	0.02	2.28	0	0	0	0
7	0	0	0	0.4	2.02	0	0	0	0
8	0	0	0	0.52	1.59	0	0	0	0
9	0	0	0	0.06	2.25	0	0	0	0
10	0	0	0	0	0.01	0	0	0	0
11	1	0							
12	0.48	0.75	0.78	0.63	0.77	0.56			
13	0.48	0.80	0.80	0.62	0.81	0.52			
14	0.50	0.82	0.80	0.61	0.81	0.50			
15	0.51	0.81	0.78	0.61	0.79	0.48			
16	0.52	0.80	0.77	0.61	0.78	0.48			
17	0.52	0.73	0.68	0.58	0.71	0.48			
18	0.46	0.66	0.65	0.60	0.62	0.50			
19	0.46	0.69	0.68	0.62	0.64	0.49			
20	0.47	0.71	0.68	0.62	0.64	0.48			
21	0.48	0.69	0.67	0.61	0.63	0.47			
22	0.50	0.67	0.67	0.59	0.63	0.46			
23	0.50	0.66	0.62	0.59	0.56	0.46			
24	0.47	0.62	0.74	0.66	0.66	0.52			
25	0.47	0.63	0.76	0.66	0.69	0.50			
26	0.48	0.64	0.76	0.65	0.68	0.48			
27	0.49	0.64	0.74	0.64	0.67	0.47			
28	0.48	0.66	0.73	0.64	0.65	0.47			
29	0.49	0.57	0.69	0.58	0.64	0.47			
30	0.80	0.80	0.81						
31	0.82	0.80	0.81						
32	0.80	0.77	0.78						
33	0.69	0.68	0.64						
34	0.71	0.68	0.64						
35	0.67	0.67	0.63						
36	0.63	0.76	0.69						
37	0.64	0.76	0.68						
38	0.66	0.73	0.65						
39	z1	z2							
40	0.89	0.85							
41	Q	0.74							

全画像にわたってコピー

こうして、訓練データ全体について、1枚ずつの誤差 Q が算出されます。これら誤差 Q を足し合わせましょう。これが目的関数 Q_T の値となります。以下では、それをセルF45に格納しました。これで 本章の目的である〔テーマⅡ〕について、それを実現する畳み込みニューラルネットワークのためのワークシートが完成です。

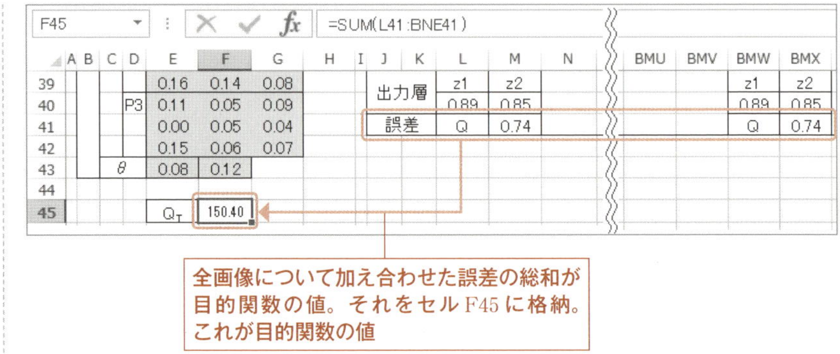

F45　=SUM(L41:BNE41)

	A	B	C	D	E	F	G	H	I	J	K	L	M	N	BMU	BMV	BMW	BMX
39					0.16	0.14	0.08			出力層		z1	z2				z1	z2
40				P3	0.11	0.05	0.09					0.89	0.85				0.89	0.85
41					0.00	0.05	0.04			誤差		Q	0.74				Q	0.74
42					0.15	0.06	0.07											
43				θ	0.08	0.12												
44																		
45					Q_T	150.40												

全画像について加え合わせた誤差の総和が目的関数の値。それをセルF45に格納。これが目的関数の値

目的とするワークシートは完成しましたが、しかし、まだ最も大切な作業が残っています。パラメーター（すなわち、フィルターの各成分、重み、閾値）の決定です。これまでのすべての計算は、仮のパラメーターの上でなされましたが、ネットワークの出力値の意味を議論するには真のパラメーターの上でなされなければならないのです。

計算でモデルの有効性を確認

これからが畳み込みニューラルネットワークの作業のクライマックスです。先にも触れていますが、モデルがデータ解析に役立つか否かは、実際にこのモデルを用いて計算し、与えられたデータを上手に説明できるか否かにかかっています。これから行う最適化の作業の成否が、畳み込みニューラルネットワークというデータ解析モデルの命運を担うわけです。

Memo　論理は回帰分析と同じ

以上、見てきたように、畳み込みニューラルネットワークの作業は複雑に見えますが、基本は2章で調べた回帰分析と同じです。誤差の総和を求め、それを最小にするようにパラメーターを決定するのです。

§ 9 畳み込みニューラルネットワークの最適化

ワークシートが完成しました。本節では、そのワークシートを用いて畳み込みニューラルネットワークを決定しましょう。数学的にその決定法を「最適化」と呼びますが、そのしくみは回帰分析やニューラルネットワークのときと同じです。

最適化

前節までに、目的の〔テーマⅡ〕のための Excel ワークシートを完成しました。しかし、かんじんのネットワークを決定するパラメーターの値が定まっていません。フィルターの成分や、重み、閾値に仮の値を用いていたのです。ここで、Excel の用意した最適化ツール（ソルバー）を利用して、決定しましょう。ソルバーを用いて誤差の総和、すなわち目的関数 Q_{T} を最小化する値を求めるのです。

Excel ソルバーで最適化

それでは、目的関数をソルバーで最小化してみましょう。

例題　前節（§8）に完成したワークシートを用いて、畳み込みニューラルネットワークを最適化しましょう。

注 この例題のワークシートは、ダウンロードサイト（→8ページ）に掲載されたファイル「5.xlsx」の中の「例題」タブに収められています。

解　次のワークシートに示すように、目的関数 Q_{T} の入力されたセルを「目的セルの設定」に、畳み込みニューラルネットワークのパラメーター（フィルターの成分や、重み、閾値）のセル範囲を「変数セルの変更」欄に設定します。この準備のもとで、「解決」ボタンをクリックすれば、最適化がなされます。

注 「制約のない変数を非負数にする」に✓を入れます。これを外す場合については、後の§12を参照しましょう。

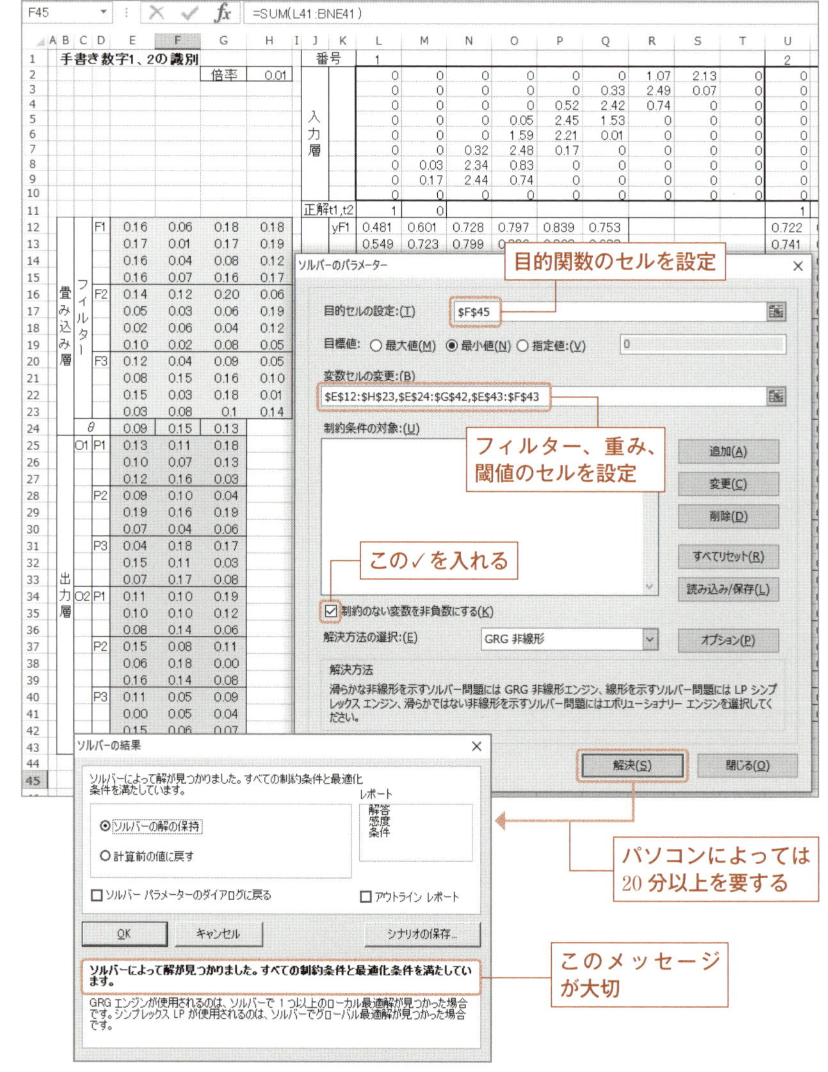

ソルバーの計算結果を示しましょう。これが目標とするパラメーター（すなわち、フィルターの成分、重み、閾値）の値です。

ソルバーの計算結果

F45 =SUM(L41:BNE41)

	A	B	C	D	E	F	G	H	I	J	K	L
12		畳み込み層	フィルター	F1	0.00	0.00	0.00	0.00		畳込層	yF1	0.197
13					0.00	0.00	0.00	1.82				0.913
14					0.00	0.00	0.00	0.52				0.996
15					0.00	0.00	0.26	2.42				0.995
16				F2	0.00	0.00	0.00	0.87				0.997
17					0.00	0.00	0.00	0.86				0.593
18					0.00	0.00	0.00	0.75			yF2	0.022
19					0.00	0.00	0.00	0.00				0.023
20				F3	0.00	0.10	0.00	0.04				0.071
21					0.00	2.61	0.95	0.01				0.371
22					1.32	0.08	0.00	0.00				0.588
23					0.00	0.11	0.0	0.00				0.412
24			θ		1.52	3.80	2.64				yF3	0.067
25		出力層	O1	P1	0.00	0.00	0.00					0.067
26					0.00	0.00	0.00					0.067
27					0.00	0.00	0.00					0.068
28				P2	0.00	0.00	0.00					0.097
29					4.19	0.00	0.00					0.446
30					0.00	0.00	0.00			プーリング層	P1	0.998
31				P3	0.00	0.00	0.00					0.996
32					0.00	0.00	0.00					0.997
33					0.00	0.00	0.00				P2	0.180
34			O2	P1	0.00	0.01	0.27					0.604
35					0.01	0.02	0.87					0.588
36					0.00	2.22	0.49				P3	0.067
37				P2	0.00	0.00	0.19					0.327
38					0.00	0.10	0.00					0.991
39					0.00	0.91	0.51			出力層		z1
40				P3	2.46	0.00	0.01					0.557
41					0.00	0.00	0.00			誤差		Q
42					2.44	0.00	0.69					
43			θ		2.31	5.35						
44												
45					Q_T	37.25						

これが本章の目的のパラメーターの値

目的関数 Q_T の値

注 このワークシートは、ダウンロードサイト（→8ページ）に掲載されたファイル「5.xlsx」の中の「例題_学習済」タブに収められています。

目的関数 Q_T の値 37.25 の大小の議論は難しいのですが、こうして得られたパラメーターを利用すると、訓練データの 99.5% を正しく判別できることが確かめられます。

注 畳み込みニューラルネットワークが算出した値の正誤の判定法については §11 を参照しましょう。

§10 最適化されたパラメーターを解釈

前節（§9）で、本章のテーマである〔テーマⅡ〕に対する畳み込みニューラルネットワークが完成しました。結果として得られたパラメーターの意味を調べてみましょう。

フィルターを見てみよう

畳み込み層で用いたフィルターの中身を見てみましょう。各フィルターの中で、大きい方の2つに網をかけてみました。

フィルター1

0.00	0.00	0.00	0.00
0.00	0.00	0.00	1.82
0.00	0.00	0.00	0.52
0.00	0.00	0.26	2.42

フィルター2

0.00	0.00	0.00	0.87
0.00	0.00	0.00	0.86
0.00	0.00	0.00	0.75
0.00	0.00	0.00	0.00

フィルター3

0.00	0.10	0.00	0.04
0.00	2.61	0.95	0.01
1.32	0.08	0.00	0.00
0.00	0.11	0.00	0.00

この表から、3つのフィルターの特徴がわかります。すなわち、訓練データの中の手書き数字画像において、隠れ層のニューロンはこの3つのパターンを画像の特徴と判定したのです。すなわち、右の3つのパターンを**特徴抽出**したのです。

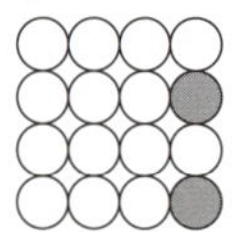

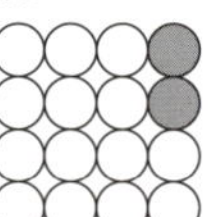

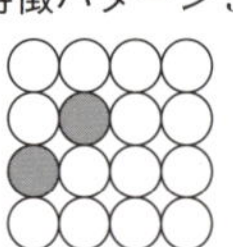

出力層の重みを見てみよう

次に、出力層のニューロンがプーリング層の表（すなわちプーリング表）の各成分に課した重みを見てみましょう。次の図では、1以上の重みを課したプーリング表の値に網をかけています。出力層のニューロン1と2とでは、重みのかけ方が大きく異なっています。

■出力層のニューロン1

フィルター1の
プーリング表への重み

0.00	0.00	0.00
0.00	0.00	0.00
0.00	0.00	0.00

フィルター2の
プーリング表への重み

0.00	0.00	0.00
4.19	0.00	0.00
0.00	0.00	0.00

フィルター3の
プーリング表への重み

0.00	0.00	0.00
0.00	0.00	0.00
0.00	0.00	0.00

■出力層のニューロン2

フィルター1の
プーリング表への重み

0.00	0.01	0.27
0.01	0.02	0.87
0.00	2.22	0.49

フィルター2の
プーリング表への重み

0.00	0.00	0.19
0.00	0.10	0.00
0.00	0.91	0.51

フィルター3の
プーリング表への重み

2.46	0.00	0.01
0.00	0.00	0.00
2.44	0.00	0.69

この図の網のかかった部分だけに着目して、プーリング層から出力層に矢を描いてみましょう。この図から、手書き数字1を判定する役割のニューロン z_1 はフィルター2に対応するプーリング表と強く結びついていることがわかります。また、手書き数字2を判定する役割のニューロン z_2 はフィルター1、3に対応するプーリング表と強く結びついていることがわかります。

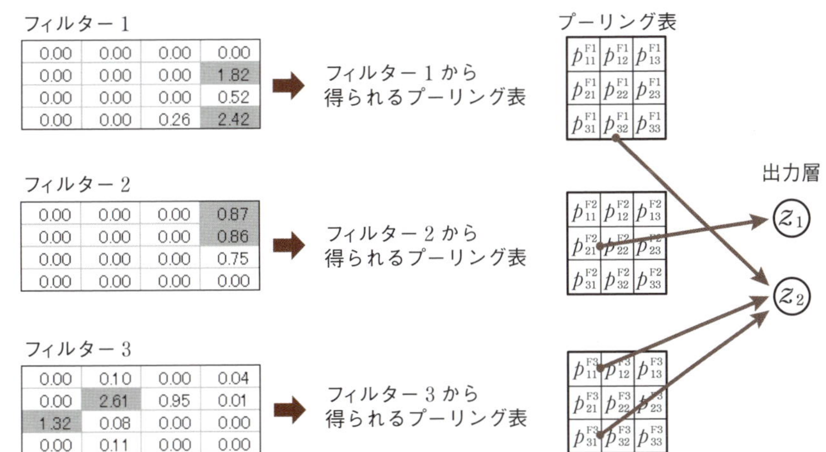

フィルター1

0.00	0.00	0.00	0.00
0.00	0.00	0.00	1.82
0.00	0.00	0.00	0.52
0.00	0.00	0.26	2.42

フィルター2

0.00	0.00	0.00	0.87
0.00	0.00	0.00	0.86
0.00	0.00	0.00	0.75
0.00	0.00	0.00	0.00

フィルター3

0.00	0.10	0.00	0.04
0.00	2.61	0.95	0.01
1.32	0.08	0.00	0.00
0.00	0.11	0.00	0.00

さて、先のフィルターの考察から、フィルター1、2、3は順に左のページの特徴パターン1、2、3を抽出しています。これらから、出力層のニューロン z_1 は

フィルター2の抽出した特徴パターン2と強く結びついていることがわかります。また、出力層のニューロン z_2 はフィルター1、3の抽出した特徴パターン1、3と強く結びついていることがわかります。こうして、出力層のニューロンがどのようなパターンから手書き数字を識別しているかがわかりました。

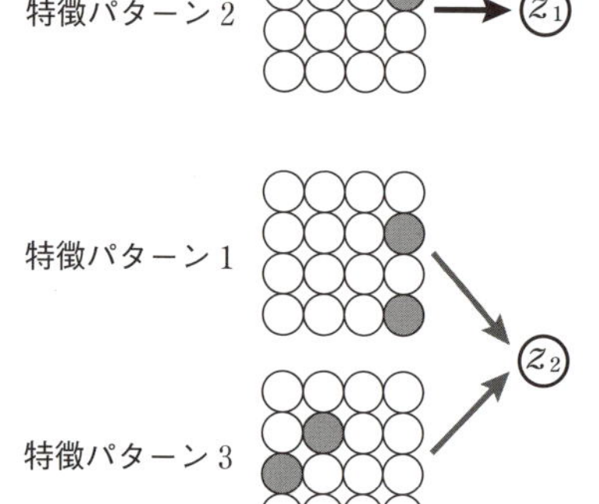

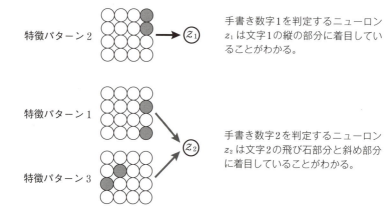

手書き数字1を判定するニューロン z_1 は文字1の縦の部分に着目していることがわかる。

手書き数字2を判定するニューロン z_2 は文字2の飛び石部分と斜め部分に着目していることがわかる。

閾値は縁の下の力持ち

最適化によって、閾値は次のように得られました。

畳込み層の閾値	1	2	3
	1.52	3.80	2.64

出力層の閾値	1	2
	2.31	5.35

先にも述べたように、閾値は畳み込みニューラルネットワークを陰で支える役割を持ちます。手書き数字の1と2とをしっかり区別するために、不要な情報をカットする役割を演じているのです。

§11 畳み込みニューラルネットワークをテストしよう

先の節（§9）で決定された畳み込みニューラルネットワークは訓練データを用いて決定されました。ここでは、新たな手書き数字を正しく識別できるかを調べてみましょう。

新たなデータを用意

訓練データの中にない新たな手書き数字の画像に対して、作成した畳み込みニューラルネットワークが正しく機能するかを確かめてみましょう。ここでは、上の2つの数字画像をテストデータとして利用します。

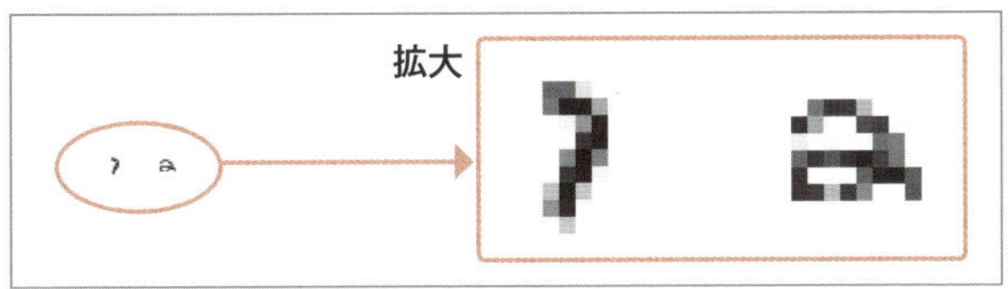

人間には何とか左側の数字は1、右側の数字は2と読めますが、作成した畳み込みニューラルネットワークにはどう読めるかを、次の例題で調べましょう。

例題1 これまで作成した畳み込みニューラルネットワークが、上記の左の手書き数字をどう判読するか調べましょう。

注 この例題のワークシートは、ダウンロードサイト（→8ページ）に掲載されたファイル「5.xlsx」の中の「テスト」タブに収められています。

解 まず、上記手書き数字の画像を数値化しましょう。

左側の数字

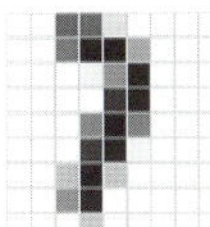

0	0	122	121	12	0	0	0	0
0	0	103	243	251	55	0	0	0
0	0	0	4	74	243	0	0	0
0	0	0	0	188	238	0	0	0
0	0	0	87	254	96	0	0	0
0	0	0	182	234	4	0	0	0
0	0	36	252	33	0	0	0	0
0	0	77	221	0	0	0	0	0
0	0	2	31	0	0	0	0	0

この数値データ画像をこれまでに作成したワークシートの画像データ部分にはめ込みます（パラメーターは最適化後のものを利用）。そして、次の基準にしたがって数字を判定します。

$z_1 > z_2$ のとき手書き数字は1、$z_1 < z_2$ のとき手書き数字は2 … (1)

出力層のニューロンの出力値は「確信度」を表すと考えられるからです（→本章 §1、§7）。確信度の大きな方が判読結果として採用されるわけです。

数字の判定結果。$z_1 > z_2$ なので画像を1と判定している

テスト画像の画素値を入力層にセット（1/100倍されている）

§9で決定されたパラメーターの値

これまでに作成したワークシート

L42　=IF(L40>M40,"1","2")

手書き数字1、2の識別テスト

倍率	0.01

番号　1

入力層

L	M	N	O	P	Q	R	S	T
0	0	1.22	1.21	0.12	0	0	0	0
0	0	1.03	2.43	2.51	0.55	0	0	0
0	0	0	0.04	0.74	2.43	0	0	0
0	0	0	0	1.88	2.38	0	0	0
0	0	0	0.87	2.54	0.96	0	0	0
0	0	0	1.82	2.34	0.04	0	0	0
0	0	0.36	2.52	0.33	0	0	0	0
0	0	0.77	2.21	0	0	0	0	0
0	0	0.02	0.31	0	0	0	0	0

層			E	F	G	H
畳み込み層	フィルター	F1	0.00	0.00	0.00	0.00
			0.00	0.00	0.00	1.82
			0.00	0.00	0.00	0.52
			0.00	0.00	0.26	2.42
		F2	0.00	0.00	0.00	0.87
			0.00	0.00	0.00	0.86
			0.00	0.00	0.00	0.75
			0.00	0.00	0.00	0.00
		F3	0.00	0.10	0.00	0.04
			0.00	2.61	0.95	0.01
			1.32	0.08	0.00	0.00
			0.00	0.11	0.0	0.00
		θ	1.52	3.80	2.64	
出力層	O1	P1	0.00	0.00	0.00	
			0.00	0.00	0.00	
			0.00	0.00	0.00	
		P2	0.00	0.00	0.00	
			4.19	0.00	0.00	
			0.00	0.00	0.00	
		P3	0.00	0.00	0.00	
			0.00	0.00	0.00	
			0.00	0.00	0.00	
	O2	P1	0.00	0.01	0.27	
			0.01	0.02	0.87	
			0.00	2.22	0.49	
		P2	0.00	0.00	0.19	
			0.00	0.10	0.00	
			0.00	0.91	0.51	
		P3	2.46	0.00	0.01	
			0.00	0.00	0.00	
			2.44	0.00	0.69	
		θ	2.31	5.35		

層		L	M	N	O	P	Q
畳込層	yF1	0.949	1.000	0.999	0.289	0.179	0.179
		0.659	0.999	0.999	0.219	0.179	0.179
		0.966	1.000	0.983	0.180	0.179	0.179
		0.999	0.997	0.583	0.179	0.179	0.179
		1.000	0.971	0.190	0.179	0.179	0.179
		0.993	0.301	0.179	0.179	0.179	0.179
	yF2	0.352	0.275	0.182	0.022	0.022	0.022
		0.163	0.609	0.637	0.022	0.022	0.022
		0.043	0.592	0.751	0.022	0.022	0.022
		0.156	0.857	0.298	0.022	0.022	0.022
		0.603	0.667	0.051	0.022	0.022	0.022
		0.835	0.188	0.023	0.022	0.022	0.022
	yF3	0.169	0.924	0.998	0.992	0.557	0.638
		0.073	0.084	0.189	0.907	0.999	0.623
		0.067	0.070	0.387	0.998	0.999	0.202
		0.067	0.158	0.929	1.000	0.960	0.070
		0.070	0.338	0.995	0.999	0.118	0.067
		0.100	0.702	0.997	0.796	0.067	0.067
プーリング層	P1	1.000	0.999	0.179			
		1.000	0.983	0.179			
		1.000	0.190	0.179			
	P2	0.609	0.637	0.022			
		0.857	0.751	0.022			
		0.835	0.051	0.022			
	P3	0.924	0.998	0.999			
		0.158	1.000	0.999			
		0.702	0.999	0.118			
出力層		z1	z2				
		0.783	0.408				
判定		1					

このワークシートからわかるように、畳み込みニューラルネットワークは手書き数字を「1」と判定しています。人間の感性と同じです。

例題 2 これまで作成した畳み込みニューラルネットワークが、169ページ右の手書き数字をどう判断するか調べましょう。

注 この例題のワークシートは、ダウンロードサイト（→8ページ）に掲載されたファイル「5.xlsx」の中の「テスト」タブに収められています。

解 まず、手書き数字の画像を次のように数値化しましょう。

右側の数字

0	0	0	0	0	0	0	0	0
0	0	107	195	184	40	0	0	0
0	209	56	0	0	158	178	2	0
0	6	0	2	0	0	108	99	0
0	122	194	143	195	233	171	102	0
0	194	0	0	0	125	212	237	138
0	193	184	42	186	84	0	0	145
0	0	0	0	0	0	0	0	0
0	0	0	0	0	0	0	0	0

先の例題と同じく、この数値データ画像を §6 までに作成したワークシートの画像データ部分にはめ込みます（パラメーターは最適化後のものを利用）。そして、出力層のニューロンの値を求め、左記の式 (1) にしたがって、手書き数字を判定します。

Memo ニューラルネットワークの出力の解釈

ニューラルネットワークや、そのひとつである畳み込みニューラルネットワークの結論は出力層のニューロンの値に現れます。そのニューロンの活性化関数にシグモイド関数を利用すると、0、1 の 2 値にはなりません。ようするに、白黒の判断をしないのです。「ニューロンの出力は確信度と解釈できる」と何度か述べましたが、この辺の事情を指します。それは、悩みながら「たぶん、こちらが正しい」とする人間の所作に似ています。

W42 | =IF(W40>X40,"1","2")

数字の判定結果。$z_1 < z_2$ なので画像を 2 と判定している

§9 で決定されたパラメーターの値

これまでに作成したワークシート

行	B	C	D	E	F	G	H
1	手書き数字1、2の識別テスト						
2						倍率	0.01
12	畳み込み層	フィルター	F1	0.00	0.00	0.00	0.00
13				0.00	0.00	0.00	1.82
14				0.00	0.00	0.00	0.52
15				0.00	0.00	0.26	2.42
16			F2	0.00	0.00	0.00	0.87
17				0.00	0.00	0.00	0.86
18				0.00	0.00	0.00	0.75
19				0.00	0.00	0.00	0.00
20			F3	0.00	0.10	0.00	0.04
21				0.00	2.61	0.95	0.01
22				1.32	0.08	0.00	0.00
23				0.00	0.11	0.0	0.00
24		θ		1.52	3.80	2.64	
25	出力層	O1	P1	0.00	0.00	0.00	
26				0.00	0.00	0.00	
27				0.00	0.00	0.00	
28			P2	0.00	0.00	0.00	
29				4.19	0.00	0.00	
30				0.00	0.00	0.00	
31			P3	0.00	0.00	0.00	
32				0.00	0.00	0.00	
33				0.00	0.00	0.00	
34		O2	P1	0.00	0.01	0.27	
35				0.01	0.02	0.87	
36				0.00	2.22	0.49	
37			P2	0.00	0.00	0.19	
38				0.00	0.10	0.00	
39				0.00	0.91	0.51	
40			P3	2.46	0.00	0.01	
41				0.00	0.00	0.00	
42				2.44	0.00	0.69	
43		θ		2.31	5.35		

行	U	V	W	X	Y	Z	AA	AB	AC	AD	AE
1	番号		2								
2	入力層		0	0	0	0	0	0	0	0	0
3			0	0	1.07	1.95	1.84	0.4	0	0	0
4			0	2.09	0.56	0	0	1.58	1.78	0.02	0
5			0	0.06	0	0.02	0	0	1.08	0.99	0
6			0	1.22	1.94	1.43	1.95	2.33	1.71	1.02	0
7			0	1.94	0	0	[illegible]	[illegible]	[illegible]	[illegible]	1.38
8			0	1.93	1.84	0.42	[illegible]	[illegible]	[illegible]	[illegible]	1.45
9			0	0	0	0	[illegible]	[illegible]	[illegible]	[illegible]	0
10			0	0	0	0	[illegible]	[illegible]	[illegible]	[illegible]	0
12	畳込層	yF1	0.889	0.863	0.507	0.883	0.763	0.220			
13			0.921	0.973	0.999	0.999	0.875	0.222			
14			0.322	0.375	0.938	0.999	0.999	0.920			
15			0.930	0.999	0.997	0.949	0.828	0.937			
16			0.213	0.364	0.767	0.912	0.943	0.852			
17			0.319	0.866	0.502	0.179	0.179	0.754			
18		yF2	0.108	0.099	0.093	0.078	0.022	0.022			
19			0.112	0.101	0.111	0.190	0.046	0.022			
20			0.062	0.088	0.337	0.493	0.103	0.022			
21			0.073	0.108	0.299	0.552	0.430	0.059			
22			0.097	0.331	0.487	0.385	0.298	0.179			
23			0.031	0.101	0.122	0.125	0.151	0.208			
24		yF3	0.191	0.992	0.993	0.928	0.186	0.426			
25			0.973	0.332	0.094	0.331	0.970	0.910			
26			0.122	0.308	0.537	0.373	0.808	0.991			
27			0.941	0.999	0.953	0.993	0.995	0.991			
28			0.940	0.578	0.516	0.382	0.996	0.998			
29			0.987	0.930	0.570	0.957	0.444	0.086			
30	プーリング層	P1	0.973	0.999	0.875						
31			0.999	0.999	0.999						
32			0.866	0.912	0.943						
33		P2	0.112	0.190	0.046						
34			0.108	0.552	0.430						
35			0.331	0.487	0.298						
36		P3	0.992	0.993	0.970						
37			0.999	0.993	0.995						
38			0.987	0.957	0.998						
39	出力層		z1	z2							
40			0.136	0.989							
42	判定		2								

畳み込みニューラルネットワークは手書き数字を「2」と判定しています。これも人間の感性と一致しています。

Memo さまざまな解

最初に設定した仮の値を変化させると、最適化後のパラメーターの真の値は変化します。しかし、判定の結果は同一です。それは生まれや育ちによって、同じ結論を出すのに様々な考え方をとる人の世界に似ています。結論が同じでも、それに至る道は一つではないことを、ニューラルネットワークは再確認させてくれます。

12 パラメーターに負を許容すると

これまでは、フィルターの成分や重み、閾値について負の数は考えませんでした。しかし、モデルを最適化するということを至上命令とするなら、それらを負に設定することも可能です。

パラメーターに負の数も許容

ニューラルネットワークの基本は（人工）ニューロンです。何度か調べたように、このニューロンは次の関係で入力から出力値を算出します。

入力信号 x_1、x_2、…、x_n（n は自然数）を考え、各入力信号には重み w_1、w_2、…、w_n が与えられたとする。閾値を θ とするとき、ニューロンの出力 y は

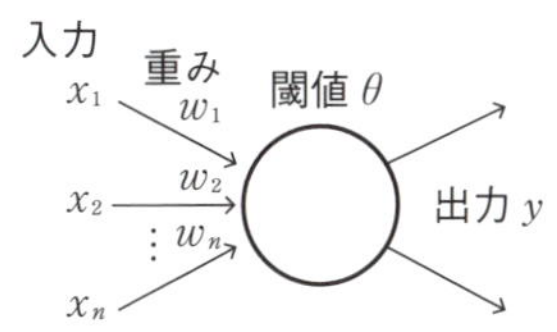

$y = \sigma(a)$ … (1)

ここで、a は入力の線形和と呼ばれ、次のように定義される。

$a = w_1x_1 + w_2x_2 + \cdots + w_nx_n - \theta$ … (2)

ところで、これまでの重み、閾値については非負数、すなわち 0 以上の数だけを調べてきました。フィルターの成分も重みと考えられるので、これまではパラメーター全般について負の数は排除していたのです。

負の数を排除してきた理由は簡単明瞭です。上記のニューロンを生命の世界で考えれば、負の量は存在しないからです。しかし、もし生命という制約を離れ、モデルを最適化するということを最優先にするなら、負の数を用いることは数学的に大変有利です。それだけ自由度が増すからです。

バイアス

まず、パラメーターに負を許容するための準備として「バイアス」という言葉を導入します。入力の線形和の式(2)を見てください。

$a = w_1 x_1 + w_2 x_2 + \cdots + w_n x_n - \theta$ … (2) (再掲)

ここで θ は「閾値」と呼ばれ、生物的にはニューロンの個性を表現する値です。直感的にいえば、θ が大きければそのニューロンは刺激に対して興奮しにくく (すなわち鈍感)、小さければ興奮しやすい (すなわち敏感) という感受性を表します。

ところで、θ だけマイナス記号が付いていて美しくありません。美しさが欠けることは数学が嫌うところです。また、マイナスは計算ミスを誘発しやすいという欠点を持ちます。そこで、$-\theta$ を b と置き換えます。

$a = w_1 x_1 + w_2 x_2 + \cdots + w_n x_n + b$ … (3)

こうすれば式として美しく、計算ミスも起こりにくくなります。このように閾値 θ を変更したパラメーター b を**バイアス** (bias) と呼びます。

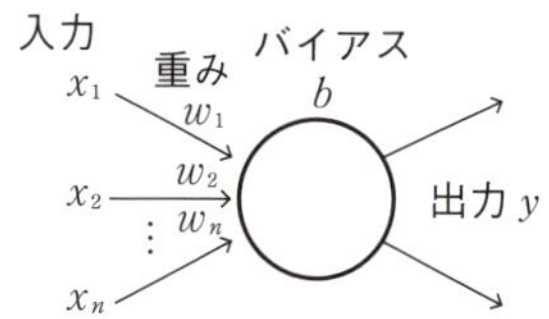

入力 x_1、x_2、…、x_n、重み w_1、w_2、…、w_n、バイアス b から入力の線形和は式(3)で算出される。

このように修正すると係数につく符号がすべて正になり、数学的には対等になります。閾値に負の数を許容しても、形式的には何の不都合も生じなくなるのです。

例1 次の図のニューロンがあります。図に示すように、入力 x_1 の重みは2、入力 x_2 の重みは3とします。また、バイアスは -7 とします。

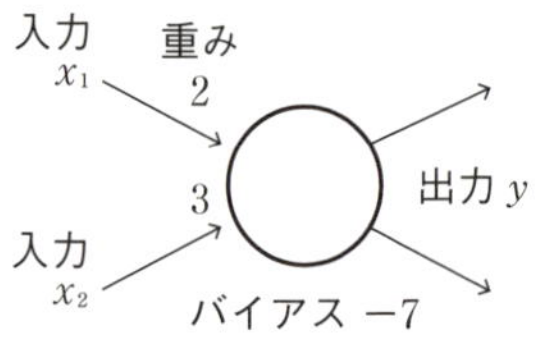

このとき、入力 (x_1, x_2) が $(1, 2)$、$(2, 1)$ のとき、入力の線形和 a、出力 y

を電卓で求めてみましょう。ただし、活性化関数はシグモイド関数とし、e の値を $e=2.72$ として近似します。

入力 x_1	入力 x_2	入力の線形和 a	出力 y
1	2	$2\times1+3\times2-7=1$	0.73
2	1	$2\times2+3\times1-7=0$	0.50

負の数を許容して最適化してみよう

パラメーターに負の数を許容すると、一般的に計算は速くなり、最適化も深まります。しかし、仮想世界のニューロンで処理するため、得られた量の解釈はしづらくなります。具体例でそれを確かめてみましょう。

例題 1 §9において、パラメーターに負の数を許容し、畳み込みニューラルネットワークのパラメーターを決定しましょう。

注 この例題のワークシートは、ダウンロードサイト（→8ページ）に掲載されたファイル「5.xlsx」の中の「負許可」タブに収められています。

解 パラメーターに負を許容しても、これまで作成してきたExcelのワークシートは変更を要しません。唯一変更する点は、ソルバーのオプション設定です。次の図のように、「制約のない変数を非負数にする」のチェックを外すだけですみます。

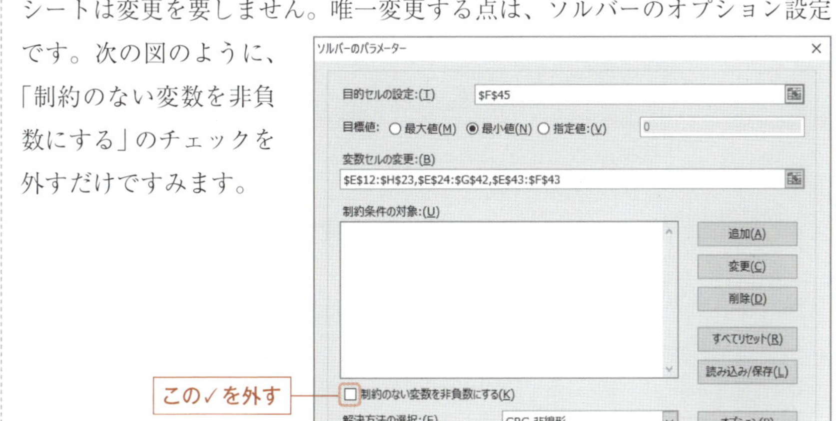

では、この設定の下で、これまで作成してきたワークシートを用いて最適化を実行してみましょう。パラメーターの初期値は§4、6で作成したものを採用します。

§9までに作成した関数に変更はない

本節で決定されたパラメーターの値

手書き数字1、2の識別（負を許容）

行	B	C	D	E	F	G	H
2						倍率	0.01
12	畳み込み層	フィルター	F1	−1.27	−4.76	−19.02	4.66
13				−2.22	0.19	−9.41	28.16
14				4.79	3.50	0.10	13.01
15				−2.61	−0.30	−4.97	18.89
16			F2	−0.37	0.64	37.12	0.03
17				0.19	−0.52	0.79	−4.80
18				−0.10	−2.29	0.41	7.47
19				−5.66	0.14	2.88	3.43
20			F3	5.95	0.42	−6.68	−1.40
21				4.87	19.66	−2.61	5.56
22				3.08	0.29	−4.20	0.04
23				−0.32	0.03	−0.29	11.44
24		θ		4.36	1.18	11.26	
25	出力層	O1	P1	11.66	−0.95	2.43	
26				9.33	−3.05	−11.60	
27				1.91	−20.51	−1.71	
28			P2	2.10	−3.63	0.19	
29				11.06	0.57	−12.28	
30				−1.59	−0.55	−6.01	
31			P3	0.28	−3.50	5.98	
32				10.55	−0.37	0.02	
33				−2.85	−20.71	−6.29	
34		O2	P1	−9.60	4.63	1.50	
35				−11.25	4.27	15.11	
36				−1.71	9.38	5.98	
37			P2	3.51	0.41	−1.29	
38				−1.56	−6.47	0.00	
39				25.95	3.53	9.18	
40			P3	−3.68	0.65	−2.98	
41				0.00	0.47	−0.52	
42				8.45	2.15	5.05	
43		θ		−11.17	28.21		
45				Q_T	4.03		

目的関数の値

行	J	K	L	M	N	O	P	Q
1	番号		1					
2	入力層		0	0	0	0	0	0
3			0	0	0	0	0	0.33
4			0	0	0	0	0.52	2.42
5			0	0	0	0.05	2.45	1.53
6			0	0	0	1.59	2.21	0.01
7			0	0	0.32	2.48	0.17	0
8			0	0.03	2.34	0.83	0	0
9			0	0.17	2.44	0.74	0	0
10			0	0	0	0	0	0
11	正解t1,t2		1	0				
12	畳込層	yF1	0.032	1.000	1.000	1.000	0.000	0.000
13			1.000	1.000	1.000	0.962	0.000	0.000
14			1.000	1.000	1.000	0.000	0.000	0.000
15			1.000	1.000	0.000	0.000	0.000	0.002
16			1.000	0.000	0.000	0.000	0.000	0.012
17			1.000	0.000	0.000	0.001	0.010	0.013
18		yF2	0.267	1.000	1.000	0.046	1.000	1.000
19			0.991	1.000	0.999	0.012	1.000	0.939
20			1.000	1.000	1.000	1.000	1.000	0.211
21			1.000	0.011	1.000	1.000	0.328	0.149
22			0.980	1.000	1.000	0.020	0.124	0.234
23			1.000	1.000	0.991	0.129	0.224	0.235
24		yF3	0.000	1.000	0.995	0.000	0.000	1.000
25			0.999	1.000	0.000	0.000	1.000	1.000
26			1.000	0.020	0.000	1.000	1.000	1.000
27			0.994	0.000	0.019	1.000	1.000	0.109
28			0.070	0.000	1.000	1.000	0.939	0.000
29			0.000	1.000	1.000	1.000	0.000	0.000
30	プーリング層	P1	1.000	1.000	0.000			
31			1.000	1.000	0.002			
32			1.000	0.001	0.013			
33		P2	1.000	1.000	1.000			
34			1.000	1.000	1.000			
35			1.000	1.000	0.235			
36		P3	1.000	0.995	1.000			
37			1.000	1.000	1.000			
38			1.000	1.000	0.939			
39	出力層		z1	z2				
40			1.000	0.002				
41	誤差		Q	0.000				

目的関数の値は、次のようになりました。

$$Q_T = 4.03$$

非負数で最適化したときの値 $Q_T = 37.25$（§9参照）に比べて、約1割になっています。負の数を認めた方が、はるかにモデルはデータに適合することがわかります。しかし、良いことばかりではありません。解釈がしづらくなるのです。それを見るために、前節（§10）と同様、得られたパラメーターの値を調べてみましょう。

フィルターを見てみよう

最適化によって得られたフィルターの中身を見てみましょう。各フィルターの中で、大きい方の2つに網をかけてみました。

フィルター1

-1.27	-4.76	-19.02	4.66
-2.22	0.19	-9.41	28.16
4.79	3.50	0.10	13.01
-2.61	-0.30	-4.97	18.89

フィルター2

-0.37	0.64	37.12	0.03
0.19	-0.52	0.79	-4.80
-0.10	-2.29	0.41	7.47
-5.66	0.14	2.88	3.43

フィルター3

5.95	0.42	-6.68	-1.40
4.87	19.66	-2.61	5.56
3.08	0.29	-4.20	0.04
-0.32	0.03	-0.29	11.44

これらの表から、3つのフィルターの特徴がわかります。すなわち、訓練データの中の手書き数字画像において、次の3つのパターンを特徴抽出したのです。

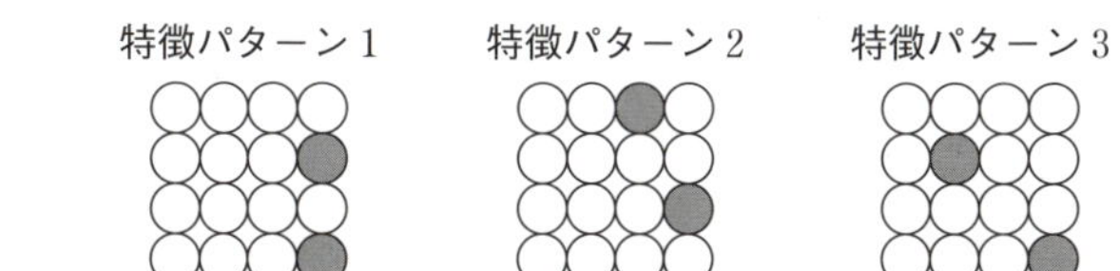

§10では特徴パターンを実際の手書き文字と比べて解釈ができました。しかし、ここで求めた特徴パターンを簡単には解釈できません。困ったことにも思えますが、逆に「新しいものの見方の発見」につながると考えれば、畳み込みニューラルネットワークの評価につながります。

出力層の重みを見てみよう

次に、出力層のニューロンがプーリング層の表（すなわちプーリング表）の各値に課した重みを見てみましょう。次の図では、1番大きな値の重みを課したプーリング層の表の値に網をかけています。

■出力層のニューロン 1

フィルター 1 のプーリング表への重み

11.66	-0.95	2.43
9.33	-3.05	-11.60
1.91	-20.51	-1.71

フィルター 2 のプーリング表への重み

2.10	-3.63	0.19
11.06	0.57	-12.28
-1.59	-0.55	-6.01

フィルター 3 のプーリング表への重み

0.28	-3.50	5.98
10.55	-0.37	0.02
-2.85	-20.71	-6.29

■出力層のニューロン 2

フィルター 1 のプーリング表への重み

-9.60	4.63	1.50
-11.25	4.27	15.11
-1.71	9.38	5.98

フィルター 2 のプーリング表への重み

3.51	0.41	-1.29
-1.56	-6.47	0.00
25.95	3.53	9.18

フィルター 3 のプーリング表への重み

-3.68	0.65	-2.98
0.00	0.47	-0.52
8.45	2.15	5.05

パラメーターに負の値を用いなかった場合に比べて、出力層のニューロン z_1 と z_2 がプーリング層の各シートにかける重みは一様になっています。すなわち、出力層のニューロンとプーリング層の各表の相性に大きな違いがないのです。

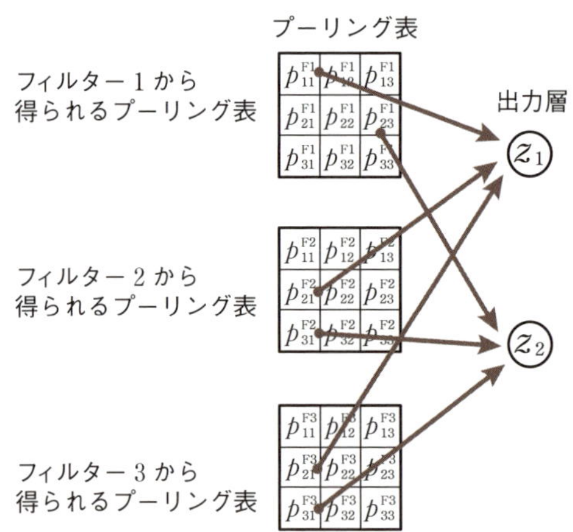

出力層のニューロン1と2によって、あまり違いが見つけられない。

もう少し詳しく見てみましょう。フィルター 1、2、3 は順に先の 177 ページの特徴パターン 1、2、3 を抽出しています。すると、上記のことから、出力層のニューロン z_1、z_2 はこれらの特徴パターンと一様に結びついていることがわかります。出力層のニューロン z_1、z_2 は抽出した特徴パターンの選り好みをしていないのです。

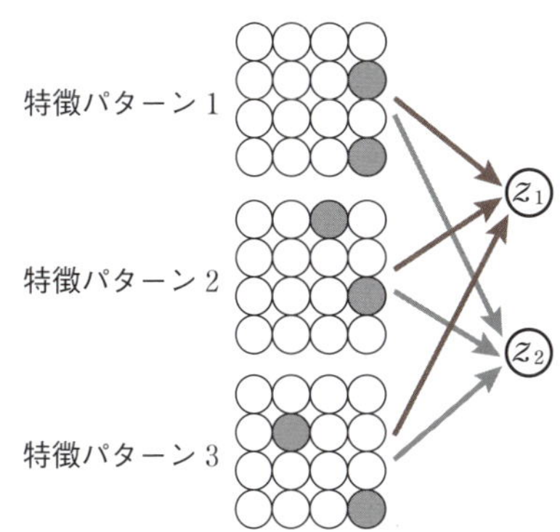

出力層のニューロン z_1、z_2 は手書き数字を判定するのに、3つの特徴パターンを上手に組み合わせている。

このことから、次のことがわかります。負の数を許容して最適化すると、出力層のニューロンは特徴パターンから直接文字を判定するのではなく、特徴パターンを上手に組み合わせて判定している、ということです。その組み合わせの妙については、直感的に理解することは困難でしょう。

注 負の重みについて、入門的な本書の性格上、考察していません。本来はしなければならないのですが、負の値はイメージ的な解説が困難です。

新たなデータでテスト

訓練データにない新たな手書き数字の画像に対して、作成した畳み込みニューラルネットワークが正しく機能するかを確かめてみましょう。§11 と同じ次の 2 つの数字画像をテストデータとして利用します。

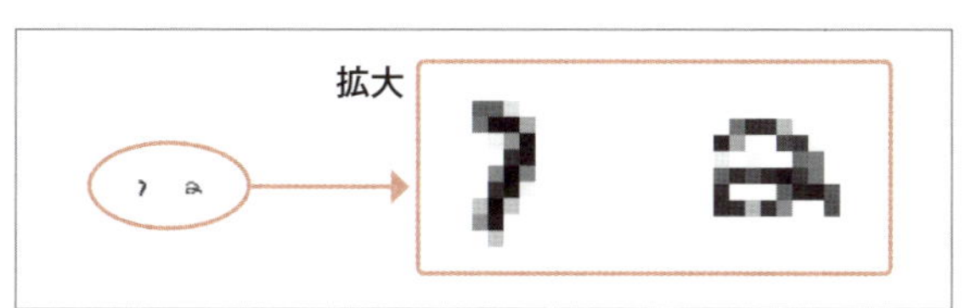

人間が読めば左の数字は 1、右の数字は 2 でしょうが、ここで作成した畳み込みニューラルネットワークがどう判定するか見てみます。

例題 2 前のページの2つの手書き数字を、ここで作成した畳み込みニューラルネットワークがどう判断するか調べましょう。

注 この例題のワークシートは、ダウンロードサイト（→8ページ）に掲載されたファイル「5.xlsx」の中の「負許可_テスト」タブに収められています。

解 テスト方法は§11と同じなので、結論だけを以下に示します。ワークシートは先の〔例題1〕で作成したものを利用しています。

数字の判定結果

179ページの左の手書き数字の数値データ（1/100されている）

L42 =IF(L40>M40,"1","2")

行	B	C	D	E	F	G	H
1	手書き数字1、2の識別テスト						
2						倍率	0.01
12	畳み込み層	フィルター	F1	−1.27	−4.76	−19.02	4.66
13				−2.22	0.19	−9.41	28.16
14				4.79	3.50	0.10	13.01
15				−2.61	−0.30	−4.97	18.89
16			F2	−0.37	0.64	37.12	0.03
17				0.19	−0.52	0.79	−4.80
18				−0.10	−2.29	0.41	7.47
19				−5.66	0.14	2.88	3.43
20			F3	5.95	0.42	−6.68	−1.40
21				4.87	19.66	−2.61	5.56
23				−0.32	0.03	−0.29	11.44
24		θ		4.36	1.18	11.26	
25	出力層	O1	P1	11.66	−0.95	2.43	
26				9.33	−3.05	−11.60	
27				1.91	−20.51	−1.71	
28			P2	2.10	−3.63	0.19	
29				11.06	0.57	−12.28	
30				−1.59	−0.55	−6.01	
31			P3	0.28	−3.50	5.98	
32				10.55	−0.37	0.02	
33				−2.85	−20.71	−6.29	
34		O2	P1	−9.60	4.63	1.50	
35				−11.25	4.27	15.11	
36				−1.71	9.38	5.98	
37			P2	3.51	0.41	−1.29	
38				−1.56	−6.47	0.00	
39				25.95	3.53	9.18	
40			P3	−3.68	0.65	−2.98	
41				0.00	0.47	−0.52	
42				8.45	2.15	5.05	
43		θ		−11.17	28.21		

行	J	K	L	M	N	O	P	Q
1	No		1					
2	入力層		0	0	1.22	1.21	0.12	0
3			0	0	1.03	2.43	2.51	0.55
4			0	0	0	0.04	0.74	2.43
5			0	0	0	0	1.88	2.38
6			0	0	0	0.87	2.54	0.96
7			0	0	0	1.82	2.34	0.04
8			0	0	0.36	2.52	0.33	0
9			0	0	0.77	2.21	0	0
10			0	0	0.02	0.31	0	0
12	畳込層	yF1	1.00	1.00	1.00	0.00	0.03	0.46
13			0.99	1.00	1.00	0.00	0.28	0.17
14			1.00	1.00	1.00	0.00	0.00	0.00
15			1.00	1.00	0.00	0.00	0.00	0.00
16			1.00	1.00	0.00	0.00	0.00	0.00
17			1.00	0.00	0.00	0.00	0.00	0.01
18		yF2	1.00	1.00	1.00	0.99	0.00	0.00
19			1.00	1.00	1.00	1.00	0.00	0.00
20			1.00	1.00	1.00	1.00	0.00	0.12
21			1.00	1.00	1.00	1.00	0.07	0.13
23			0.99	1.00	1.00	0.37	0.12	0.23
24		yF3	0.00	1.00	1.00	1.00	1.00	0.13
25			0.00	0.91	0.00	0.27	1.00	1.00
26			1.00	1.00	0.00	0.93	1.00	1.00
27			1.00	0.00	0.00	1.00	1.00	1.00
28			1.00	0.00	0.72	1.00	1.00	0.00
29			0.41	0.00	1.00	1.00	0.99	0.00
30	プーリング層	P1	1.00	1.00	0.46			
31			1.00	1.00	0.00			
32			1.00	0.00	0.01			
33		P2	1.00	1.00	0.00			
34			1.00	1.00	0.13			
35			1.00	1.00	0.25			
36		P3	1.00	1.00	1.00			
37			1.00	1.00	1.00			
38			1.00	1.00	1.00			
39	出力層		z1	z2				
40			1.00	0.02				
42	判定		1					

$z_1 > z_2$

$z_1 > z_2$ なので、数字画像を1と判定している。

畳み込みニューラルネットワークは179ページの左の手書き数字を「1」と判定しています。人間の感性と同じです。

次に、179ページの右側の数字を判定させてみましょう。これも、そのテストのための設定の仕方は同一なので解説は省略し、結論だけを以下に示します。

数字の判定結果

179ページの右の手書き数字の数値データ（1/100されている）

W42 　=IF(W40>X40,"1","2")

	B	C	D	E	F	G	H
1	手書き数字1、2の識別テスト						
2						倍率	0.01
3							
4							
5							
6							
7							
8							
9							
10							
11							
12	畳み込み層	フィルター	F1	−1.27	−4.76	−19.02	4.66
13				−2.22	0.19	−9.41	28.16
14				4.79	3.50	0.10	13.01
15				−2.61	−0.30	−4.97	18.89
16			F2	−0.37	0.64	37.12	0.03
17				0.19	−0.52	0.79	−4.80
18				−0.10	−2.29	0.41	7.47
19				−5.66	0.14	2.88	3.43
20			F3	5.95	0.42	−6.68	−1.40
21				4.87	19.66	−2.61	5.56
22				3.08	0.29	−4.20	0.04
23				−0.32	0.03	−0.29	11.44
24		θ		4.36	1.18	11.26	
25	出力層	O1	P1	11.66	−0.95	2.43	
26				9.33	−3.05	−11.60	
27				1.91	−20.51	−1.71	
28			P2	2.10	−3.63	0.19	
29				11.06	0.57	−12.28	
30				−1.59	−0.55	−6.01	
31			P3	0.28	−3.50	5.98	
32				10.55	−0.37	0.02	
33				−2.85	−20.71	−6.29	
34		O2	P1	−9.60	4.63	1.50	
35				−11.25	4.27	15.11	
36				−1.71	9.38	5.98	
37			P2	3.51	0.41	−1.29	
38				−1.56	−6.47	0.00	
39				25.95	3.53	9.18	
40			P3	−3.68	0.65	−2.98	
41				0.00	0.47	−0.52	
42				8.45	2.15	5.05	
43		θ		−11.17	28.21		

	U	V	W	X	Y	Z	AA	AB	AC
1	No		2						
2	入力層		0	0	0	0	0	0	
3			0	0	1.07	1.95	1.84	0.4	
4			0	2.09	0.56	0	0	1.58	1.7
5			0	0.06	0	0.02	0	0	1.0
6			0	1.22	1.94	1.43	1.95	2.33	1.7
7			0	1.94	0	0	0	1.25	2.1
8			0	1.93	1.84	0.42	1.86	0.84	
9			0	0	0	0	0	0	
10			0	0	0	0	0	0	
11									
12	畳込層	yF1	1.00	1.00	1.00	1.00	1.00	0.96	
13			0.05	0.00	1.00	1.00	0.00	0.00	
14			0.13	1.00	1.00	1.00	1.00	0.96	
15			1.00	1.00	1.00	1.00	1.00	1.00	
16			0.00	0.91	1.00	0.99	1.00	0.90	
17			0.00	1.00	0.97	0.00	0.00	0.00	
18		yF2	0.00	0.00	1.00	1.00	0.94	0.09	
19			1.00	1.00	1.00	1.00	0.99	0.00	
20			1.00	0.12	1.00	1.00	1.00	0.80	
21			0.01	0.00	0.02	1.00	1.00	1.00	
22			1.00	1.00	1.00	1.00	1.00	1.00	
23			0.18	0.00	0.03	1.00	1.00	1.00	
24		yF3	0.01	1.00	1.00	1.00	1.00	0.01	
25			1.00	1.00	1.00	1.00	1.00	1.00	
26			0.00	0.36	0.95	0.72	1.00	1.00	
27			1.00	1.00	1.00	1.00	1.00	1.00	
28			0.99	0.23	0.00	0.00	1.00	1.00	
29			1.00	1.00	0.98	1.00	0.07	0.00	
30	プーリング層	P1	1.00	1.00	1.00				
31			1.00	1.00	1.00				
32			1.00	1.00	1.00				
33		P2	1.00	1.00	0.99				
34			1.00	1.00	1.00				
35			1.00	1.00	1.00				
36		P3	1.00	1.00	1.00				
37			1.00	1.00	1.00				
38			1.00	1.00	1.00				
39	出力層		z1	z2					
40			0.00	1.00					
41									
42	判定		2						
43									

$z_1 < z_2$

$z_1 < z_2$ なので、数字画像を2と判定している。

畳み込みニューラルネットワークは手書き数字を「2」と判定しています。これも人間の感性と一致しています。

§ 13 隠れ層の活性化関数を変更

これまではニューロンの活性化関数としてシグモイド関数を利用してきました。しかし、考えてみればそれにこだわる必然性はありません。ここでは、シグモイド関数の代わりに「ランプ関数」を利用してみましょう。

ランプ関数と ReLU

これまではニューロンとしてシグモイドニューロンを利用してきました。シグモイドニューロンとはシグモイド関数 $\sigma(x)$ を活性化関数として利用する人工ニューロンです（→ 3 章）。

シグモイド関数：$\sigma(x)=\dfrac{1}{1+e^{-x}}$ … (1)

シグモイド関数はステップ関数に似ている、微分計算が簡単、などの理由で広く採用されています。

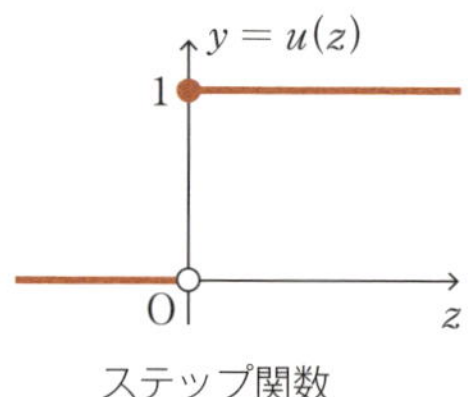

ステップ関数

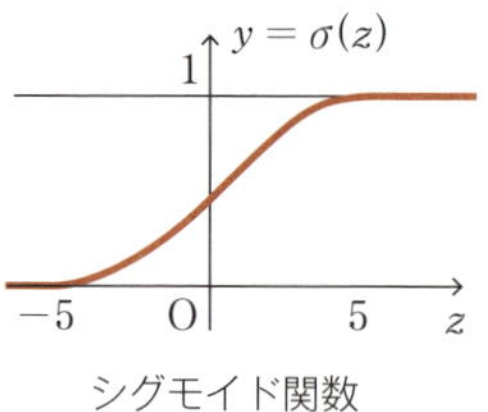

シグモイド関数

ところで、これらの条件を満たす関数はシグモイド関数だけではありません。電子工学の分野で有名な**ランプ関数**もそれに該当します。ランプ関数とは次のように定義される関数です。グラフをその右側に描きましょう。

ランプ関数：$f(x)=\begin{cases} x & (x \geqq 0) \\ 0 & (x < 0) \end{cases}$

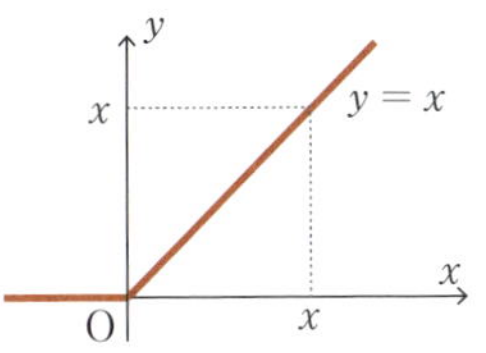

このランプ関数にはシグモイド関数にないメリットがあります。計算が単純であるということです。実用的な畳み込みニューラルネットワークは膨大なニューロンから構成されているので、計算がしやすいということは大変ありがたい性質です。

計算がしやすいランプ関数を活性化関数とするニューロンを **ReLU（Rectified Linear Unit）** と呼びます。

シグモイド関数の大きなメリットに0と1の間に値が収まることが挙げられます。そのおかげで、その出力値を活性度とか、確信度、興奮度などさまざまに解釈できました。しかし、ReLUの出力は0と1の間に収まりません。出力の解釈がしづらいという欠点があるのです。そこで、解釈が不要な隠れ層（中間層）のニューロンとしてよく利用されます。

例 1 次の図のニューロンがあります。図に示すように、入力 x_1 の重みは2、入力 x_2 の重みは3とします。また、閾値は10とします。

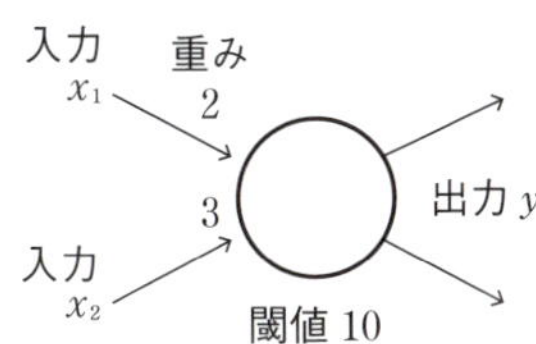

ReLUの例

このとき、入力 (x_1, x_2) が (3, 1)、(1, 3) のとき、入力の線形和 a、出力 y を求めましょう。

入力 x_1	入力 x_2	入力の線形和 a	出力 y
3	1	$2\times3+3\times1-10=-1$	0
1	3	$2\times1+3\times3-10=1$	1

ReLUを用いて最適化してみよう

ReLU関数を活性化関数として、これまで用いてきた手書き文字「1」、「2」の判別のための畳み込みニューラルネットワークを作成してみましょう。

例題1 これまで作成してきたExcelのワークシートにおいて、隠れ層のニューロンをReLUに変更します。このとき、これまで用いてきた訓練データから畳み込みニューラルネットワークのパラメーターを決定しましょう。

注 この例題のワークシートは、ダウンロードサイト（→8ページ）に掲載されたファイル「5.xlsx」の中の「ReLU」タブに収められています。

解 §9までに作成したExcelのワークシートで、畳み込み層のシグモイド関数をすべてランプ関数に書き換えます。ここでは、次のようにランプ関数を実装しましょう。

$f(a) = \mathrm{MAX}(0,\ a)$　（a は入力の線形和）

L12　=MAX(0,SUMPRODUCT($E$12:$H$15,L2:O5)-$E$24)

	A–D	E	F	G	H	K	L	M	N	O	P	Q	R	S
1	手書き数字1、2の識別(ReLU利用)					番号	1							
2				倍率	0.01	入力層	0	0	0	0	0	0	1.07	2.13
3							0	0	0	0	0	0.33	2.49	0.07
4							0	0	0	0	0.52	2.42	0.74	0
5							0	0	0	0.05	2.45	1.53	0	0
6							0	0	0	1.59	2.21	0.01	0	0
7							0	0	0.32	2.48	0.17	0	0	0
8							0	0.03	2.34	0.83	0	0	0	0
9							0	0.17	2.44	0.74	0	0	0	0
10							0	0	0	0	0	0	0	0
11						正解t1,t2	1	0						
12	畳み込み層 フィルター F1	0.01	0.04	0.02	0.02	畳込層 F1	0.00	0.08	0.26	0.32	0.31	0.22		
13		0.01	0.01	0.03	0.03		0.02	0.24	0.34	0.34	0.26	0.15		
14		0.03	0.04	0.04	0.05		0.15	0.33	0.34	0.31	0.20	0.03		
15		0.02	0.01	0.04	0.04		0.26	0.32	0.29	0.24	0.07	0.00		
16	F2	0.03	0.05	0.03	0.04		0.35	0.30	0.27	0.13	0.00	0.00		
17		0.01	0.02	0.01	0.01		0.27	0.21	0.21	0.02	0.00	0.00		
18		0.03	0.03	0.04	0.04	F2	0.00	0.05	0.20	0.32	0.40	0.32		
19		0.05	0.03	0.03	0.02		0.01	0.17	0.30	0.40	0.36	0.18		
20	F3	0.04	0.03	0.02	0.01		0.11	0.26	0.35	0.41	0.25	0.08		
21		0.05	0.01	0.03	0.01		0.19	0.32	0.39	0.32	0.13	0.02		
22		0.04	0.00	0.02	0.05		0.28	0.34	0.42	0.20	0.03	0.00		
23		0.01	0.03	0.0	0.03		0.24	0.25	0.23	0.07	0.00	0.00		
24	θ	0.04	0.02	0.04		F3	0.00	0.05	0.16	0.19	0.19	0.19		
25	O1 P1	0.05	0.04	0.00			0.01	0.16	0.20	0.19	0.22	0.23		
26		0.03	0.02	0.04			0.11	0.18	0.21	0.20	0.28	0.15		
27		0.00	0.02	0.01			0.15	0.19	0.17	0.27	0.21	0.03		
28	P2	0.03	0.01	0.05			0.15	0.18	0.24	0.25	0.06	0.00		
29		0.00	0.00	0.02			0.15	0.09	0.26	0.14	0.00	0.00		

§3で作成した入力層の値を利用

初期値は乱数を利用し、試行錯誤

畳込層のすべての活性化関数をランプ関数に変更

この図は、訓練データの１番目の画像について、隠れ層の活性化関数をランプ関数にしています。§8で示したように、この１番目の画像部分を全訓練データぶんコピーし、畳み込みニューラルネットワークのワークシートが完成します。

注 本書では、出力層についてはシグモイド関数を利用します。

ワークシートが完成したなら、§9で示したように、ソルバーを用いて最適化します。その際、本節では解釈がしやすいように、非負数のパラメーターで最適化してみましょう。

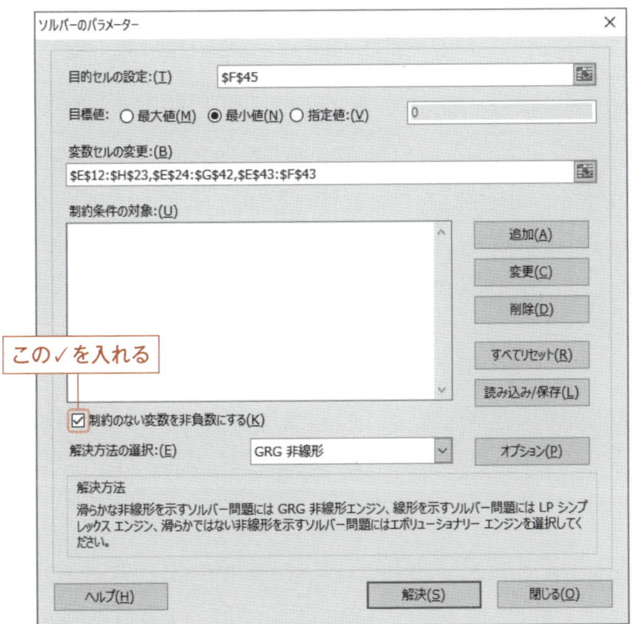

Memo ランプ関数の「ランプ」の意味

ランプ関数はそのグラフが傾斜路（ramp）に似ていることから命名されています。「高井戸ランプ付近で渋滞 1km」などと、高速道の道路情報で「ランプ」はよく使われますが、これは立体交差部分が傾斜路になっているからです。

では、この設定のもとで、先に作成したワークシートを用いて最適化を実行してみます。パラメーターの初期値は、乱数を利用して目的関数ができるだけ小さくなるものを探します。

F45　=SUM(L41:BNE41)

	B	C	D	E	F	G	H
1	手書き数字1、2の識別(ReLU利用)						
2						倍率	0.01
3							
4							
5							
6							
7							
8							
9							
10							
11							
12	畳み込み層	フィルター	F1	0.00	0.00	0.00	0.38
13				0.00	0.00	1.01	0.76
14				0.00	0.08	1.32	0.93
15				0.00	0.05	0.00	0.13
16			F2	0.09	0.00	0.00	0.00
17				0.00	0.00	0.00	0.00
18				0.43	0.22	0.02	0.54
19				0.00	0.02	0.00	0.00
20			F3	0.00	0.00	0.00	0.00
21				0.00	0.00	0.00	0.00
22				0.00	0.00	0.00	0.76
23				0.00	0.00	0.0	1.07
24		θ		0.00	1.38	0.87	
25	出力層	O1	P1	0.00	0.00	0.00	
26				0.00	0.00	0.00	
27				0.00	0.00	0.00	
28			P2	0.00	0.00	0.00	
29				0.00	0.00	0.00	
30				0.00	0.00	0.00	
31			P3	1.01	0.00	0.00	
32				0.00	0.00	0.00	
33				0.02	0.00	0.00	
34		O2	P1	0.00	0.00	0.00	
35				0.00	0.00	0.43	
36				0.00	0.00	2.27	
37			P2	0.06	0.00	0.00	
38				1.10	0.29	0.00	
39				1.04	2.19	0.00	
40			P3	0.00	0.00	0.00	
41				0.00	0.00	0.23	
42				0.00	0.00	0.95	
43		θ		2.48	2.27		
44							
45				Q_T	37.86		

	J	K	L	M	N	O	P	Q	R
1	番号		1						
2	入力層		0	0	0	0	0	0	1.07
3			0	0	0	0	0	0.33	2.49
4			0	0	0	0	0.52	2.42	0.74
5			0	0	0	0.05	2.45	1.53	0
6			0	0	0	1.59	2.21	0.01	0
7			0	0	0.32	2.48	0.17	0	0
8			0	0.03	2.34	0.83	0	0	0
9			0	0.17	2.44	0.74	0	0	0
10			0	0	0	0	0	0	0
11	正解t1,t2		1	0					
12	畳込層	F1	0.01	0.79	3.38	6.68	4.63	0.13	
13			0.24	3.01	7.24	6.28	0.89	0.00	
14			1.82	6.30	7.74	2.02	0.00	0.00	
15			4.06	7.81	3.28	0.02	0.00	0.00	
16			6.79	4.88	0.27	0.00	0.00	0.00	
17			7.88	2.07	0.06	0.00	0.00	0.00	
18		F2	0.00	0.00	0.00	0.00	0.00	0.00	
19			0.00	0.00	0.00	0.00	0.00	0.00	
20			0.00	0.00	0.00	0.00	0.00	0.00	
21			0.00	0.00	0.00	0.00	0.00	0.00	
22			0.00	0.00	0.00	0.00	0.00	0.00	
23			0.00	0.00	0.00	0.00	0.00	0.00	
24		F3	0.00	2.15	2.61	0.00	0.00	0.00	
25			0.87	3.37	0.30	0.00	0.00	0.00	
26			3.00	0.99	0.00	0.00	0.00	0.00	
27			1.91	0.00	0.00	0.00	0.00	0.00	
28			0.55	0.00	0.00	0.00	0.00	0.00	
29			0.00	0.00	0.00	0.00	0.00	0.00	
30	プーリング層	P1	3.01	7.24	4.63				
31			7.81	7.74	0.00				
32			7.88	0.27	0.00				
33		P2	0.00	0.00	0.00				
34			0.00	0.00	0.00				
35			0.00	0.00	0.00				
36		P3	3.37	2.61	0.00				
37			3.00	0.00	0.00				
38			0.55	0.00	0.00				
39	出力層		z1	z2					
40			0.72	0.09					
41	誤差		Q	0.089					

ソルバーの算出した最適化解

最適化されたときの目的関数 Q_T の値

目的関数の値は次の値になっています。

$Q_T = 37.86$

§9で調べたシグモイドニューロンに比べて、ほぼ同じ適合度です。隠れ層の解釈を厳密に考えない限り、計算の速いReLUを利用することは大きなメリットがあることになります。

フィルターを見てみよう

最適化によって得られたフィルターの中身を見てみましょう。各フィルターの中で、相対的に大きいと思われる 0.4 以上の値について、網をかけてみました。

フィルター 1

0.00	0.00	0.00	0.38
0.00	0.00	1.01	0.76
0.00	0.08	1.32	0.93
0.00	0.05	0.00	0.13

フィルター 2

0.09	0.00	0.00	0.00
0.00	0.00	0.00	0.00
0.43	0.22	0.02	0.54
0.00	0.02	0.00	0.00

フィルター 3

0.00	0.00	0.00	0.00
0.00	0.00	0.00	0.00
0.00	0.00	0.00	0.76
0.00	0.00	0.0	1.07

この表から、3 つのフィルターの特徴がわかります。すなわち、訓練データの中の手書き数字画像において、次の 3 つのパターンを特徴抽出したのです。

特徴パターン 1

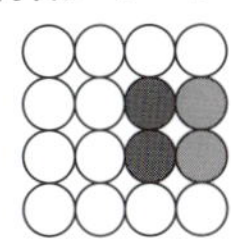

特徴パターン 2

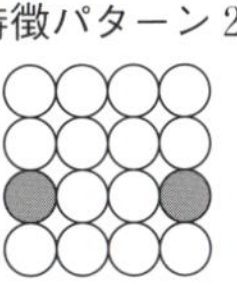

特徴パターン 3

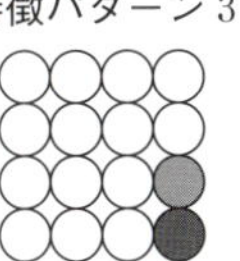

出力層の重みを見てみよう

次に、出力層のニューロンがプーリング表に課した重みを見てみましょう。次の図では、比較的大きい値と思われる 0.9 以上の重みに網をかけています。出力層のニューロン 1 と 2 とによって、重みのかけ方が大きく異なっています。

■出力層のニューロン 1

フィルター 1 のプーリング表への重み

0.00	0.00	0.00
0.00	0.00	0.00
0.00	0.00	0.00

フィルター 2 のプーリング表への重み

0.00	0.00	0.00
0.00	0.00	0.00
0.00	0.00	0.00

フィルター 3 のプーリング表への重み

1.01	0.00	0.00
0.00	0.00	0.00
0.02	0.00	0.00

■出力層のニューロン2

フィルター1の
プーリング表への重み

0.00	0.00	0.00
0.00	0.00	0.43
0.00	0.00	2.27

フィルター2の
プーリング表への重み

0.06	0.00	0.00
1.10	0.29	0.00
1.04	2.19	0.00

フィルター3の
プーリング表への重み

0.00	0.00	0.00
0.00	0.00	0.23
0.00	0.00	0.95

この図の網のかかった部分だけに着目して、プーリング層から出力層に矢を描いてみましょう（同じ表から複数の矢があるときは1本で代表させています）。この図から、手書き数字1を判定する役割のニューロン z_1 はフィルター3のプーリング表と強く結びついていることがわかります。また、手書き数字2を判定する役割のニューロン z_2 はフィルター1～3のすべてのプーリング表と強く結びついていることがわかります。

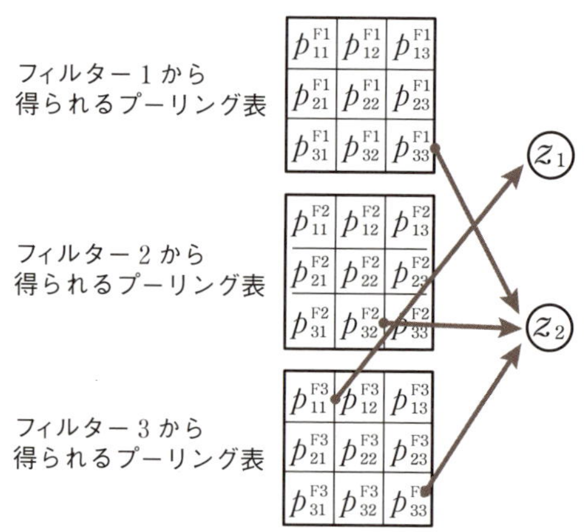

さて、先のフィルターの考察から、フィルター1、2、3は順に先の187ページの特徴パターン1、2、3を抽出しています。これらから、出力層の1番目のニューロン z_1 はフィルター3と強く結びついています。それに対して、出力層の2番目のニューロン z_2 はフィルター1、2、3と均等に結びついていることがわかります。すなわち、出力層のニューロン z_1 は特徴パターン3と、出力層のニューロン z_2 は特徴パターン1、2、3と次の図のように結びついていることがわかります。

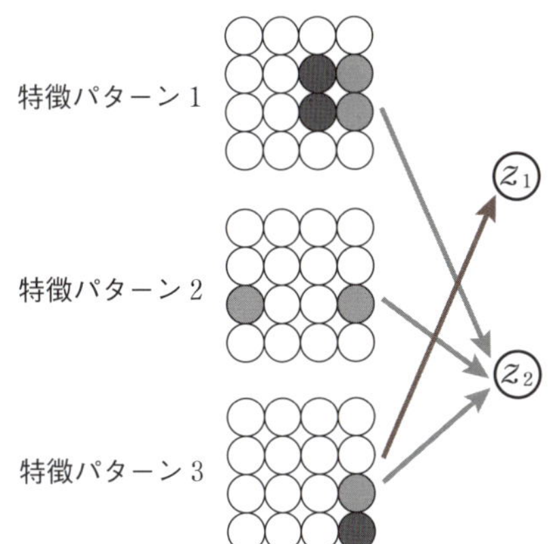

手書き数字1を判定する役割を担うニューロンz_1は、空白に隣接する右下の縦のパターンに着目していることがわかる。

手書き数字2を判定する役割を担うニューロンz_2は、3つのパターンを組み合わせて判断していることがわかる。

このことから、出力層のニューロンがどのようなパターンから手書き数字を識別しているかがわかります。出力層のニューロンz_1は特徴パターン3の有無で画像が「1」と判断しているのです。それに対して、出力層のニューロンz_2は特徴パターン1、2、3を組み合わせて判断しているのです。

ReLUモデルでは実在の神経細胞モデルから離れたぶん、ニューロンz_2の直感的な解釈がしにくくなっています。

新たなデータでテスト

訓練データの中にない新たな手書き数字の画像に対して、畳み込みニューラルネットワークが正しく機能するかを確かめてみましょう。§11と同じ、次の2つの数字画像をテストデータとして利用します。

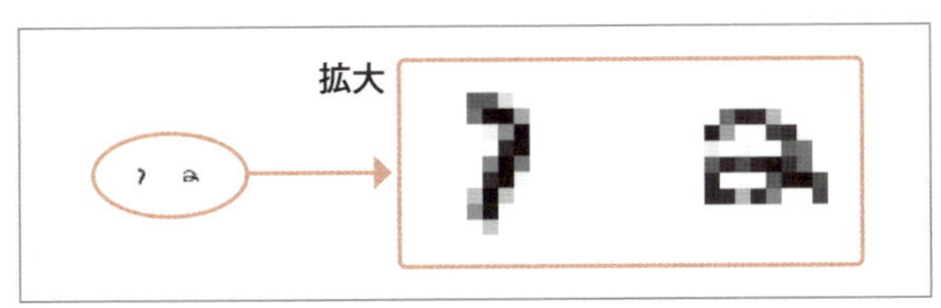

人間が読めば左の数字は1、右の数字は2でしょうが、ここで作成した畳み込みニューラルネットワークがどう判定するか見てみます。

例題 2　前のページの左の手書き数字を、ここで作成した畳み込みニューラルネットワークがどう判断するか調べましょう。

注 この例題のワークシートは、ダウンロードサイト（→8ページ）に掲載されたファイル「5.xlsx」の中の「ReLU_テスト」タブに収められています。

解　テスト方法は§11と同じなので、結論だけを以下に示します。ワークシートは先の〔例題 1〕で作成したものを利用しています。

L42　=IF(L40>M40,"1","2")

	B	C	D	E	F	G	H	J	K	L	M	N	O	P	Q
1	手書き数字1、2の識別テスト							No		1					
2	(ReLU利用)					倍率	0.01	入力層		0	0	1.22	1.21	0.12	0
3										0	0	1.03	2.43	2.51	0.55
4										0	0	0	0.04	0.74	2.43
5										0	0	0	0	1.88	2.38
6										0	0	0	0.87	2.54	0.96
7										0	0	0	1.82	2.34	0.04
8										0	0	0.36	2.52	0.33	0
9										0	0	0.77	2.21	0	0
10										0	0	0.02	0.31	0	0
11															
12	畳み込み層	フィルター	F1	0.00	0.00	0.00	0.38	畳込層	F1	3.39	5.38	6.49	3.92	0.30	0.00
13				0.00	0.00	1.01	0.76			1.07	3.63	7.67	5.87	0.23	0.00
14				0.00	0.08	1.32	0.93			1.05	5.51	9.05	3.98	0.07	0.00
15				0.00	0.05	0.00	0.13			2.67	8.17	7.61	1.22	0.00	0.00
16			F2	0.09	0.00	0.00	0.00			4.81	8.30	3.50	0.06	0.00	0.00
17				0.00	0.00	0.00	0.00			6.09	6.68	0.53	0.00	0.00	0.00
18				0.43	0.22	0.02	0.54		F2	0.00	0.00	0.05	0.00	0.00	0.00
19				0.00	0.02	0.00	0.00			0.00	0.00	0.04	0.00	0.17	0.00
20			F3	0.00	0.00	0.00	0.00			0.00	0.00	0.00	0.00	0.00	0.00
21				0.00	0.00	0.00	0.00			0.00	0.00	0.00	0.00	0.00	0.00
22				0.00	0.00	0.00	0.76			0.00	0.00	0.00	0.00	0.00	0.00
23				0.00	0.00	0.00	1.07			0.00	0.00	0.00	0.00	0.00	0.00
24		θ		0.00	1.38	0.87			F3	0.00	1.71	3.53	0.00	0.00	0.00
25	出力層	O1	P1	0.00	0.00	0.00				0.06	3.29	1.97	0.00	0.00	0.00
26				0.00	0.00	0.00				1.74	3.57	0.00	0.00	0.00	0.00
27				0.00	0.00	0.00				3.22	1.26	0.00	0.00	0.00	0.00
28			P2	0.00	0.00	0.00				3.42	0.00	0.00	0.00	0.00	0.00
29				0.00	0.00	0.00				1.14	0.00	0.00	0.00	0.00	0.00
30				0.00	0.00	0.00		プーリング層	P1	5.38	7.67	0.30			
31			P3	1.01	0.00	0.00				8.17	9.05	0.07			
32				0.00	0.00	0.00				8.30	3.50	0.00			
33				0.02	0.00	0.00			P2	0.00	0.05	0.17			
34		O2	P1	0.00	0.00	0.00				0.00	0.00	0.00			
35				0.00	0.00	0.43				0.00	0.00	0.00			
36				0.00	0.00	2.27			P3	3.29	3.53	0.00			
37			P2	0.06	0.00	0.00				3.57	0.00	0.00			
38				1.10	0.29	0.00				3.42	0.00	0.00			
39				1.04	2.19	0.00		出力層		z1	z2				
40			P3	0.00	0.00	0.00				0.71	0.10				
41				0.00	0.00	0.23									
42				0.00	0.00	0.95		判定		1					
43		θ		2.48	2.27										

先のページのテスト用画像数値データ

数字の判定結果

$z_1 > z_2$

$z_1 > z_2$ なので、数字画像を1と判定している。

畳み込みニューラルネットワークは189ページの左の手書き数字を「1」と判定しています。人間の感性と同じです。

次に、189ページの右側の数字を判定させてみましょう。これも、そのテストのための設定の仕方は同一なので解説は省略し、結論だけを以下に示します。

W42　=IF(W40>X40,"1","2")

行	B	C	D	E	F	G	H
1	手書き数字1、2の識別テスト						
2	(ReLU利用)					倍率	0.01
3							
4							
5							
6							
7							
8							
9							
10							
11							
12	畳み込み層	フィルター	F1	0.00	0.00	0.00	0.38
13				0.00	0.00	1.01	0.76
14				0.00	0.08	1.32	0.93
15				0.00	0.05	0.00	0.13
16			F2	0.09	0.00	0.00	0.00
17				0.00	0.00	0.00	0.00
18				0.43	0.22	0.02	0.54
19				0.00	0.02	0.00	0.00
20			F3	0.00	0.00	0.00	0.00
21				0.00	0.00	0.00	0.00
22				0.00	0.00	0.00	0.76
23				0.00	0.00	0.00	1.07
24		θ		0.00	1.38	0.87	
25	出力層	O1	P1	0.00	0.00	0.00	
26				0.00	0.00	0.00	
27				0.00	0.00	0.00	
28			P2	0.00	0.00	0.00	
29				0.00	0.00	0.00	
30				0.00	0.00	0.00	
31			P3	1.01	0.00	0.00	
32				0.00	0.00	0.00	
33				0.02	0.00	0.00	
34		O2	P1	0.00	0.00	0.00	
35				0.00	0.00	0.43	
36				0.00	0.00	2.27	
37			P2	0.06	0.00	0.00	
38				1.10	0.29	0.00	
39				1.04	2.19	0.00	
40			P3	0.00	0.00	0.00	
41				0.00	0.00	0.23	
42				0.00	0.00	0.95	
43		θ		2.48	2.27		

行	U	V	W	X	Y	Z	AA	AB	AC
1	No		2						
2	入力層		0	0	0	0	0	0	
3			0	0	1.07	1.95	1.84	0.4	
4			0	2.09	0.56	0	0	1.58	1.7
5			0	0.06	0	0.02	0	0	1.0
6			0	1.22	1.94	1.43	1.95	2.33	1.7
7			0	1.94	0	0	0	1.25	2.1
8			0	1.93	1.84	0.42	1.86	0.84	
9			0	0	0	0	0	0	
10			0	0	0	0	0	0	
11									
12	畳込層	yF1	3.47	3.41	3.63	4.28	2.62	0.21	
13			1.57	1.07	1.72	4.26	4.40	1.49	
14			4.10	3.87	5.62	6.59	5.60	2.76	
15			3.35	3.25	5.03	7.78	8.03	5.79	
16			3.52	3.17	5.12	4.78	4.40	4.79	
17			2.18	1.84	3.00	1.66	0.91	1.63	
18		yF2	0.00	0.00	0.00	0.00	0.00	0.00	
19			0.00	0.00	0.00	0.00	0.00	0.00	
20			0.00	0.82	1.10	0.62	0.56	0.18	
21			0.00	0.00	0.00	0.00	0.22	0.40	
22			0.00	0.96	0.15	0.00	0.00	0.00	
23			0.00	0.00	0.00	0.00	0.00	0.00	
24		yF3	0.00	0.00	0.33	1.64	0.20	0.00	
25			0.68	1.22	1.63	1.78	0.98	0.00	
26			0.22	0.61	2.24	2.70	2.45	0.61	
27			0.00	1.12	0.98	0.74	0.93	1.73	
28			0.00	0.54	0.00	0.00	0.00	0.23	
29			0.00	0.00	0.00	0.00	0.00	0.00	
30	プーリング層	P1	3.47	4.28	4.40				
31			4.10	7.78	8.03				
32			3.52	5.12	4.79				
33		P2	0.00	0.00	0.00				
34			0.82	1.10	0.56				
35			0.96	0.15	0.00				
36		P3	1.22	1.78	0.98				
37			1.12	2.70	2.45				
38			0.54	0.00	0.23				
39	出力層		z1	z2					
40			0.23	1.00					
41									
42	判定		2						
43									

先のページのテスト用画像数値データ

数字の判定結果

$z_1 < z_2$

$z_1 < z_2$ なので、数字画像を2と判定している。

畳み込みニューラルネットワークは手書き数字を「2」と判定しています。これも人間の感性と一致しています。

Memo

目的関数の値の評価

平方誤差の総和である目的関数の値はニューラルネットワークがどれだけ訓練データとずれているかの目安を与えます。しかし、ただ小さいからといって、ニューラルネットワークがより良い判断をするとは限りません。§12で調べた負を許容するパラメーターの場合、非負の場合（§9）よりも、目的関数 Q_T の値ははるかに小さくなりました。しかし、訓練データについての正答率は却って低くなります。畳み込みニューラルネットワークを含むニューラルネットワークの持つこのような「癖」を知っておくことは、応用上大切でしょう。

そもそも、ニューラルネットワークと訓練データとの適合具合を表す目的関数は一種ではありません。本書では誤差の目安として平方誤差の和を用いましたが、近年有名な目的関数にクロスエントロピーがあります。**クロスエントロピー**は情報科学から生まれた概念ですが、最適化のための計算の収束性が良いことが知られています。2つの尺度で誤差を見積もったとき、どちらが優れているかの基準を明確化することは困難です。

本章で利用した記号のまとめ

本章の関係式で利用する記号は多彩なので、ここに整理します。

記号名	意味
x_{ij}	入力層 i 行 j 番目のニューロンの出力を表す変数。また、その名称としても利用。通常、入力層はデータ加工をしないが、本書では画素値を 100 分の 1 に変更して出力。
y_{ij}^{Fk}	畳み込み層の k 枚目の i 行 j 列にある成分。
z_k	出力層 k 番目のニューロンの出力を表す変数。また、その名称としても利用。
w_{ij}^{Fk}	隠れ層 k 番目のニューロンが用いるフィルターの i 行 j 列成分。ネットワークを定めるパラメーターである。
w_{k-ij}^{On}	出力層の n 番目のニューロンがプーリング層の k 枚目の表の i 行 j 列成分に課す重み。
θ^{Fk}	隠れ層 k 番目のニューロンの閾値。
θ^{On}	出力層 n 番目にあるニューロンの閾値。
a_{ij}^{Fk}	入力層を小分けしたとき、その ij 地区から隠れ層 k 番目のニューロンへの入力の線形和。
a^{On}	出力層 n 番目のニューロンに関する入力の線形和。
p_{ij}^{Fk}	プーリング層にある k 枚目のプーリング表の i 行 j 列成分。

何度も言及しているように、Excel で畳み込みニューラルネットワークを実装する際には、このような記号の意味を細かく理解する必要はありません。大切なことはニューロン間の関係をしっかり理解しておくことで、それが頭にあればワークシート作成は容易です。

訓練データ(1)

4章の例題で作成するニューラルネットのための訓練データです。文字「○」と「×」を4×3画素で描いています。画素は0と1の2値です。

注1 本文では網をかけた画素を1、白部分を0としています。

注2 数値化されたデータは、ダウンロードサイト(→8ページ)に掲載されたファイル「4.xlsx」の中の「Data」タブに収められています。

番号	1	2	3	4	5	6	7	8	9	10	11	12	13	14	15	16
文字画像																
正解	○	○	○	○	○	○	○	○	○	○	○	○	○	○	○	○

番号	17	18	19	20	21	22	23	24	25	26	27	28	29	30	31	32
文字画像																
正解	○	○	○	○	○	○	○	○	○	○	○	○	○	○	○	○

番号	33	34	35	36	37	38	39	40	41	42	43	44	45	46	47	48
文字画像																
正解	×	×	×	×	×	×	×	×	×	×	×	×	×	×	×	×

番号	49	50	51	52	53	54	55	56	57	58	59	60	61	62	63	64
文字画像																
正解	×	×	×	×	×	×	×	×	×	×	×	×	×	×	×	×

B 訓練データ(2)

5章の例題で作成するニューラルネットのための訓練データです。手書き数字1、2を9×9画素で写しています。ここでは、データ内容が見やすいように、その数字パターンを拡大して表示します。

注1 本文では網が濃い画素を256に近い値、薄い部分を0に近い値としています。

注2 数値化されたデータは、ダウンロードサイト(→8ページ)に掲載されたファイル「5.xlsx」の中の「Data」タブに収められています。

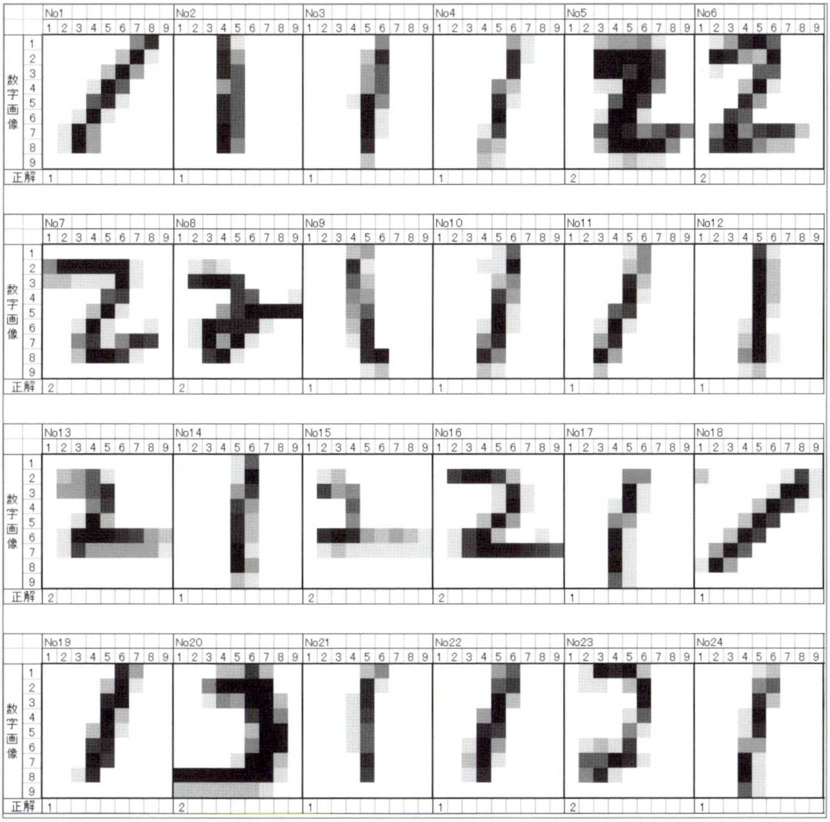

	No1	No2	No3	No4	No5	No6
正解	1	1	1	1	2	2

	No7	No8	No9	No10	No11	No12
正解	2	2	1	1	1	1

	No13	No14	No15	No16	No17	No18
正解	2	1	2	2	1	1

	No19	No20	No21	No22	No23	No24
正解	1	2	1	1	2	1

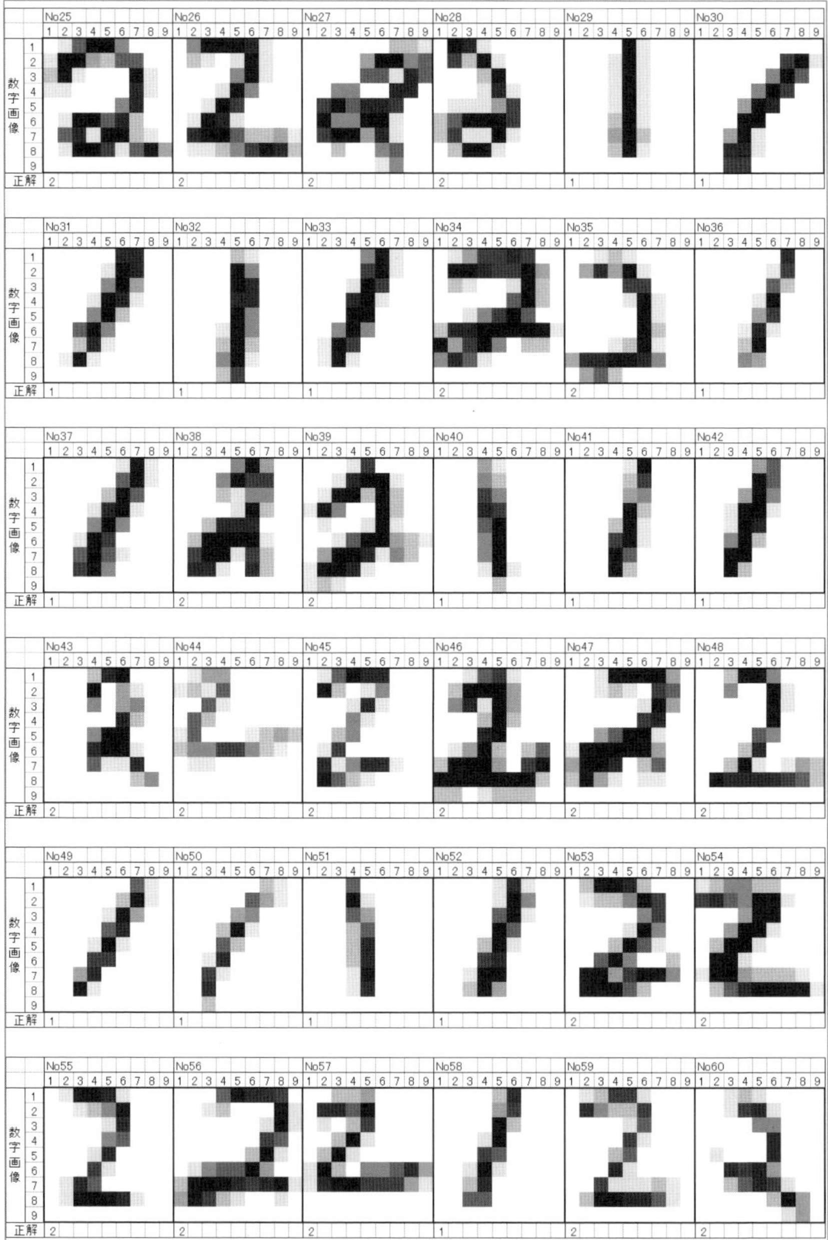
No25 No26 No27 No28 No29 No30
数字画像
正解 2 2 2 2 1 1
No31 No32 No33 No34 No35 No36
数字画像
正解 1 1 1 2 2 1
No37 No38 No39 No40 No41 No42
数字画像
正解 1 2 2 1 1 1
No43 No44 No45 No46 No47 No48
数字画像
正解 2 2 2 2 2 2
No49 No50 No51 No52 No53 No54
数字画像
正解 1 1 1 1 2 2
No55 No56 No57 No58 No59 No60
数字画像
正解 2 2 2 1 2 2

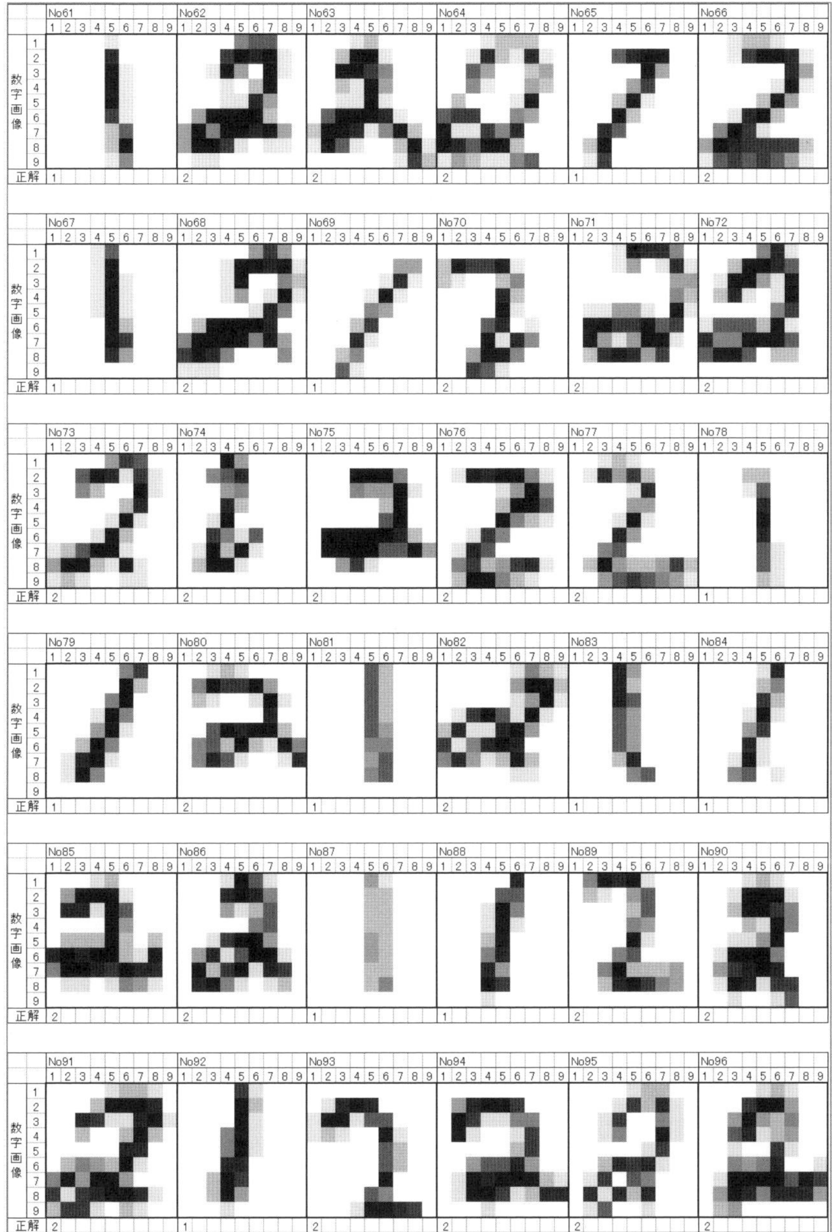
No61 正解 1
No62 正解 2
No63 正解 2
No64 正解 2
No65 正解 1
No66 正解 2
No67 正解 1
No68 正解 2
No69 正解 1
No70 正解 2
No71 正解 2
No72 正解 2
No73 正解 2
No74 正解 2
No75 正解 2
No76 正解 2
No77 正解 2
No78 正解 1
No79 正解 1
No80 正解 2
No81 正解 1
No82 正解 2
No83 正解 1
No84 正解 1
No85 正解 2
No86 正解 2
No87 正解 1
No88 正解 1
No89 正解 2
No90 正解 2
No91 正解 2
No92 正解 1
No93 正解 2
No94 正解 2
No95 正解 2
No96 正解 2
数字画像

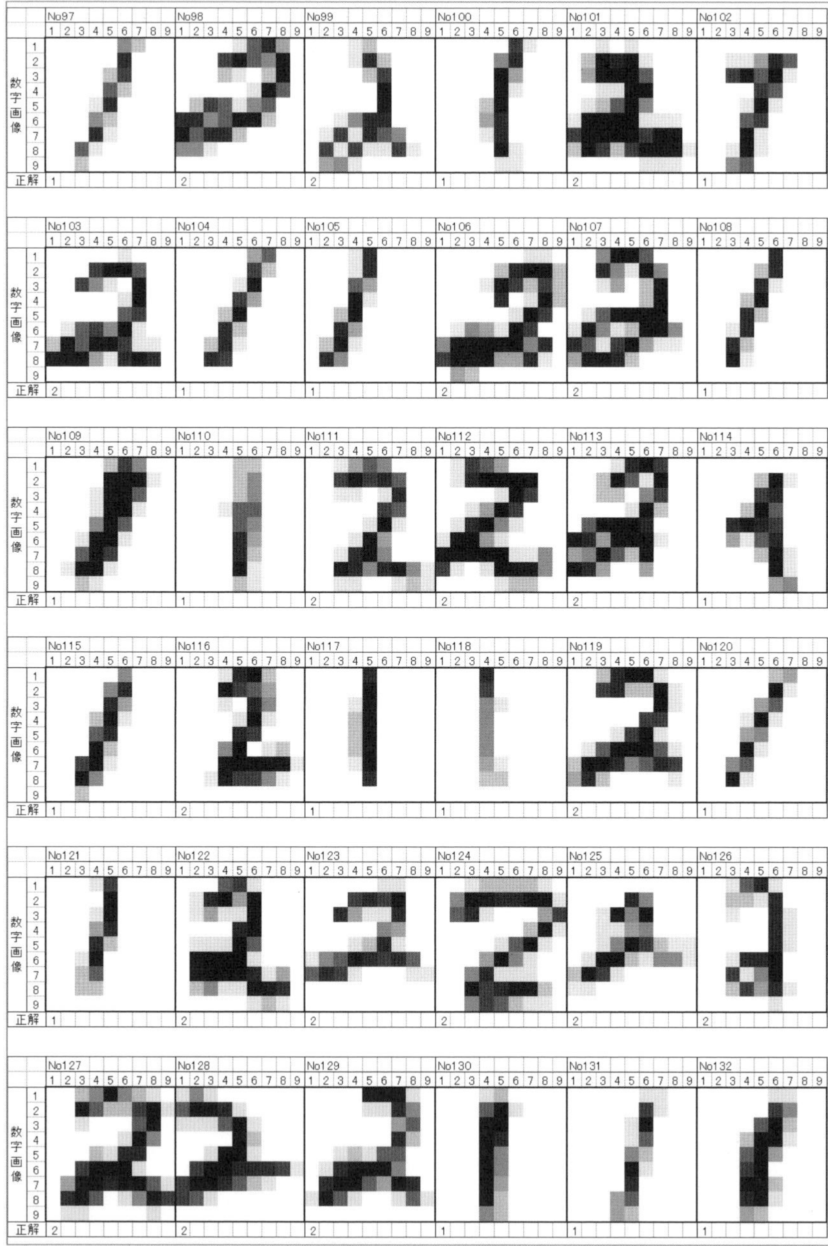
No97 No98 No99 No100 No101 No102
数字画像
正解 1 2 2 1 2 1
No103 No104 No105 No106 No107 No108
数字画像
正解 2 1 1 2 2 1
No109 No110 No111 No112 No113 No114
数字画像
正解 1 1 2 2 2 1
No115 No116 No117 No118 No119 No120
数字画像
正解 1 2 1 1 2 1
No121 No122 No123 No124 No125 No126
数字画像
正解 1 2 2 2 2 2
No127 No128 No129 No130 No131 No132
数字画像
正解 2 2 2 1 1 1

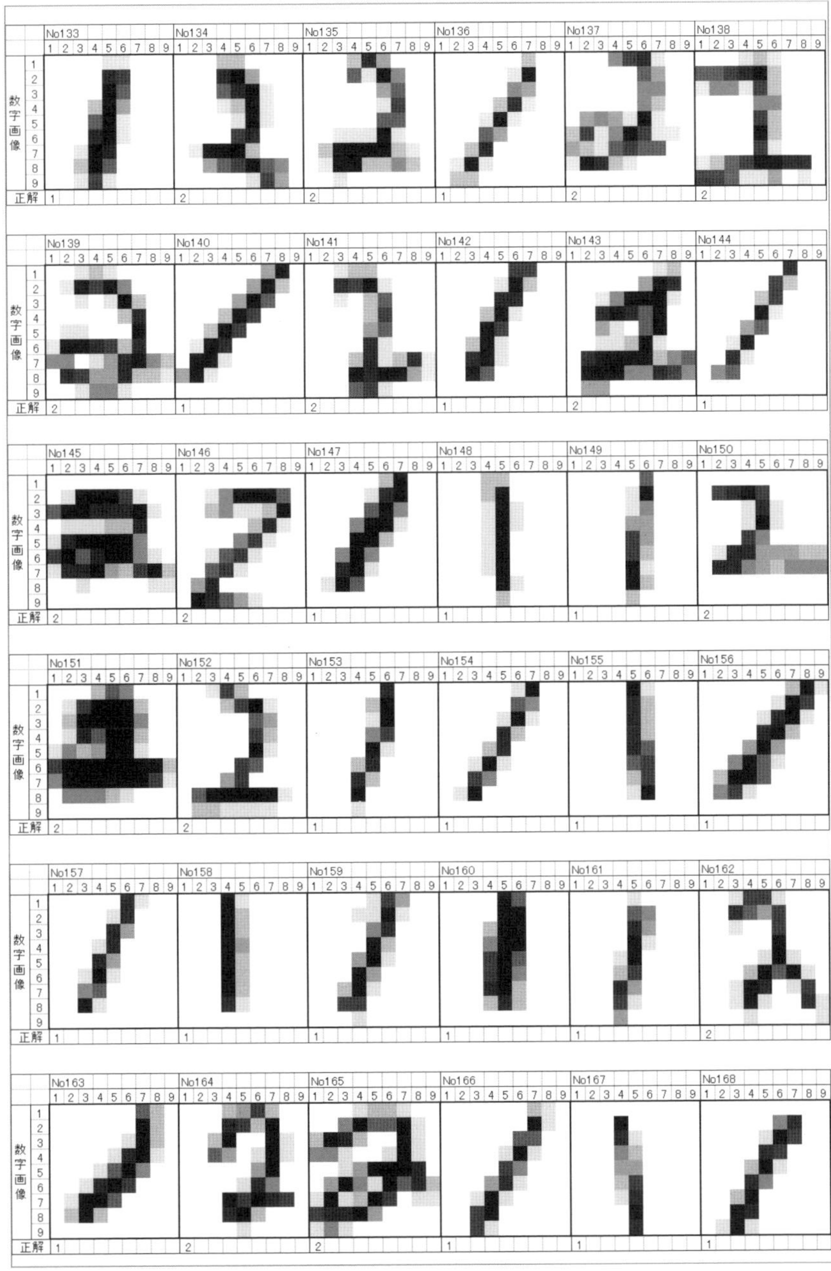
数字画像
正解
No133 1
No134 2
No135 2
No136 1
No137 2
No138 2
No139 2
No140 1
No141 2
No142 1
No143 2
No144 1
No145 2
No146 2
No147 1
No148 1
No149 1
No150 2
No151 2
No152 2
No153 1
No154 1
No155 1
No156 1
No157 1
No158 1
No159 1
No160 1
No161 1
No162 2
No163 1
No164 2
No165 2
No166 1
No167 1
No168 1

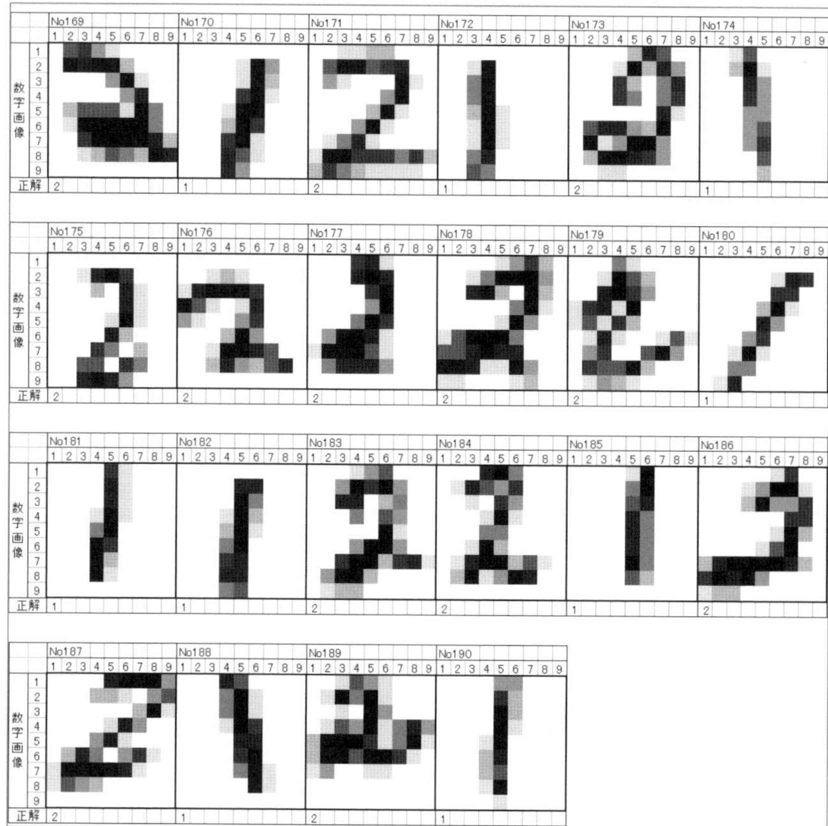

No169
数字画像
正解 2
No170
正解 1
No171
正解 2
No172
正解 1
No173
正解 2
No174
正解 1
No175
正解 2
No176
正解 2
No177
正解 2
No178
正解 2
No179
正解 2
No180
正解 1
No181
正解 1
No182
正解 1
No183
正解 2
No184
正解 2
No185
正解 1
No186
正解 2
No187
正解 2
No188
正解 1
No189
正解 2
No190
正解 1

ソルバーのインストール法

本書の計算の強力な助手は、Excel に備わっているアドインのひとつ「ソルバー」です。このアドインによって、高度な数学を用いることなく、畳み込みニューラルネットワークのしくみを数値的に理解できるのです。

ところで、新しいパソコンの場合、ソルバーがインストールされていない場合があります。それは「データ」タブに「ソルバー」メニューがあるかどうかで確かめられます。

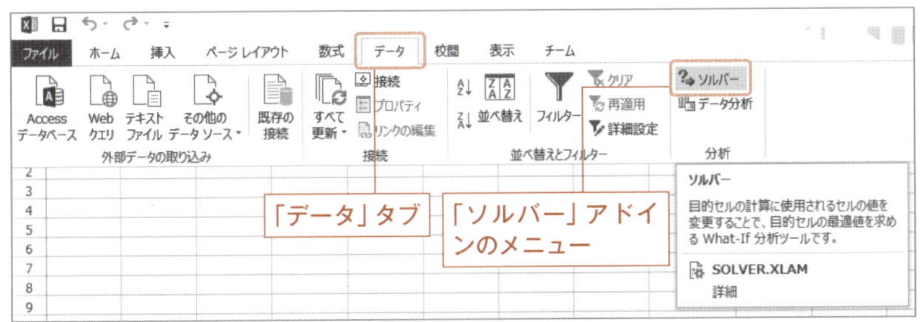

「ソルバー」のメニューがない場合には、インストール作業をする必要があります。ステップを追って調べてみましょう。

注 Excel2013、2016の場合について調べます。

❶「ファイル」タブの「オプション」メニューをクリックします（右図）。すると、次ページのボックスが表示されます。

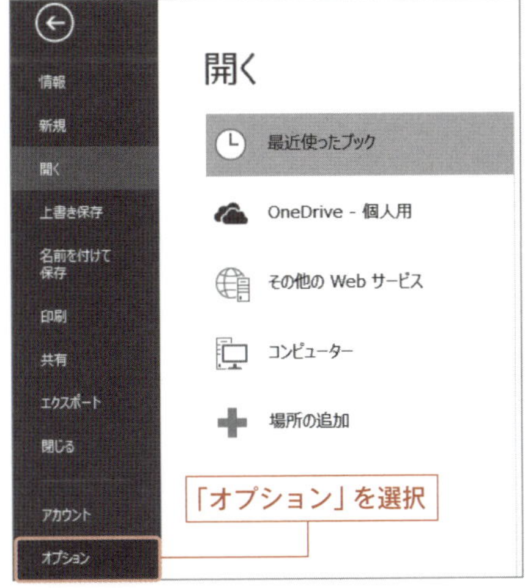

❷「Excel のオプション」ボックスが開かれるので、左枠の中の「アドイン」を選択します。さらに、得られたボックスの中の下にある、「Excel アドイン」を選択し、「設定」ボタンをクリックします。

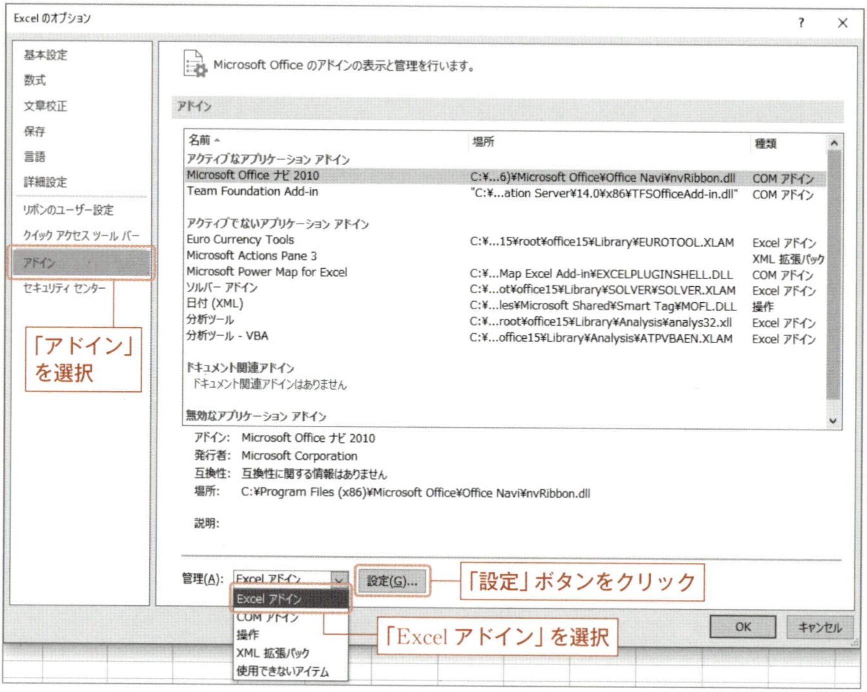

❸「アドイン」ボックスが開かれるので、「ソルバーアドイン」にチェックを入れ、「OK」ボタンをクリックします。

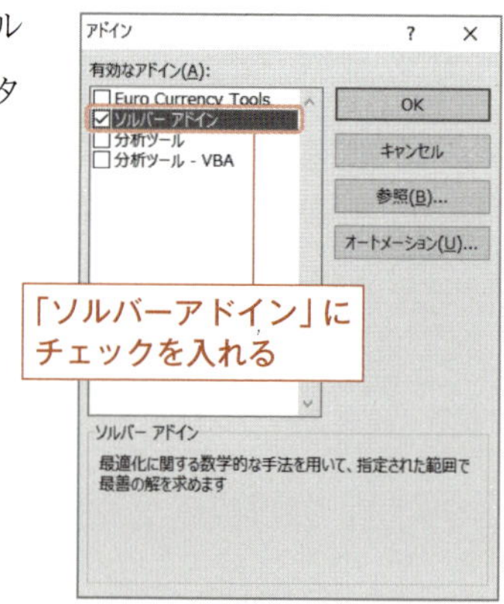

❹ インストール作業が進められます。正しくインストールされたことは❷のボックスが次のようになっていることで確かめられます。

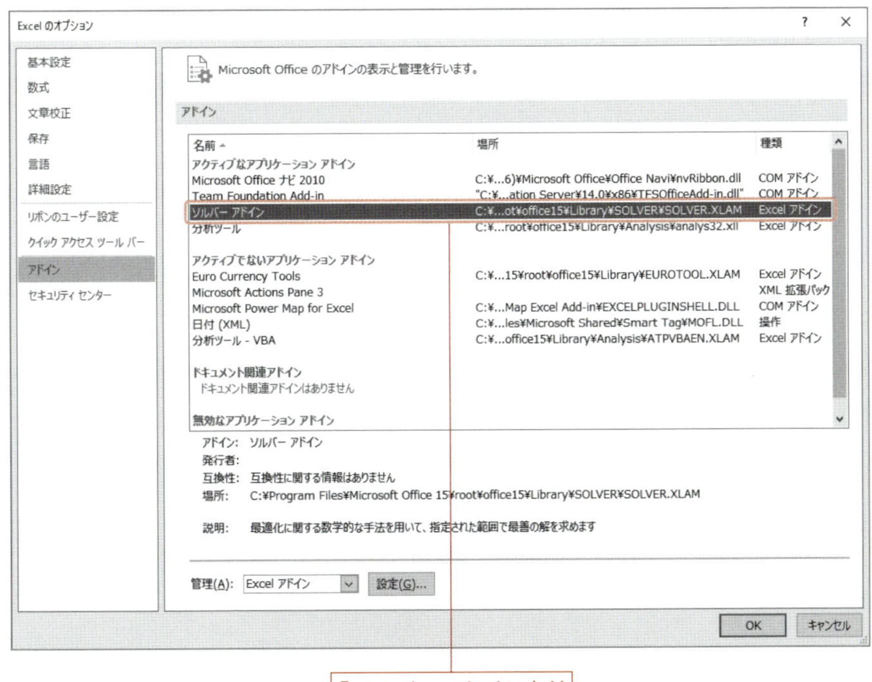

§ D パターンの類似度を数式表現

畳み込みニューラルネットワーク（5章 §4）では、次の定理が利用されました。

> 4×4 画素からなる2つの数の並び A、F が下図のように与えられているとき、A、F の類似度は次のように求められる。
>
> 類似度$= w_{11}x_{11} + w_{12}x_{12} + w_{13}x_{13} + \cdots + w_{44}x_{44}$ … (1)
>
> A
>
> | | | | |
> |---|---|---|---|
> | x_{11} | x_{12} | x_{13} | x_{14} |
> | x_{21} | x_{22} | x_{23} | x_{24} |
> | x_{31} | x_{32} | x_{33} | x_{34} |
> | x_{41} | x_{42} | x_{43} | x_{44} |
>
> F
>
> | | | | |
> |---|---|---|---|
> | w_{11} | w_{12} | w_{13} | w_{14} |
> | w_{21} | w_{22} | w_{23} | w_{24} |
> | w_{31} | w_{32} | w_{33} | w_{34} |
> | w_{41} | w_{42} | w_{43} | w_{44} |

この定理は、ベクトルの性質を利用して説明できます。

大きさを固定した2つのベクトル $\boldsymbol{a}$、$\boldsymbol{b}$ が似ているとき、その内積 $\boldsymbol{a}\cdot\boldsymbol{b}$ は大きくなるという特徴があります（下図）。

$$\boldsymbol{a}\cdot\boldsymbol{b} = |\boldsymbol{a}||\boldsymbol{b}|\cos\theta \quad (\theta \text{ は2つのベクトルのなす角})$$

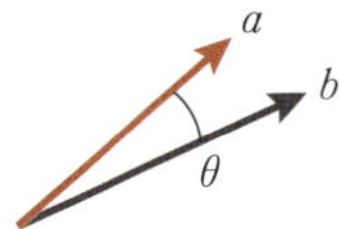

平面のイメージで考えると、2つのベクトルの内積は、それらの矢の長さをなす角の余弦をかけたもの。角が0に近いほど余弦は大きい値をとる。すなわち、似ているときには値が大きくなると考えられる。

この内積の性質を利用するために、A、F を次のようにベクトルとみなします。

$$A = (x_{11}, x_{12}, x_{13}, x_{14}, x_{21}, x_{22}, x_{23}, \cdots, x_{44})$$

$$F = (w_{11}, w_{12}, w_{13}, w_{14}, w_{21}, w_{22}, w_{23}, \cdots, w_{44})$$

すると、2つのベクトルの内積 $A\cdot F$ は上記の式 (1) の右辺に一致します。すなわち、式 (1) を類似度と解釈できるのです。

索引

カ行

サ行

タ行

ナ行

ハ行

マ行・ヤ行・ラ行

Profile

涌井　良幸（わくい　よしゆき）

1950年、東京都生まれ。東京教育大学（現・筑波大学）数学科を卒業後、千葉県立高等学校の教職に就く。
教職退職後はライターとして著作活動に専念。

涌井　貞美（わくい　さだみ）

1952年、東京生まれ。東京大学理学系研究科修士課程修了後、富士通、神奈川県立高等学校教員を経て、サイエンスライターとして独立。

本書へのご意見、ご感想は、技術評論社ホームページ（http://gihyo.jp/）または以下の宛先へ、書面にてお受けしております。電話でのお問い合わせにはお答えいたしかねますので、あらかじめご了承ください。

〒162-0846　東京都新宿区市谷左内町21-13
株式会社技術評論社　書籍編集部
『Excelでわかるディープラーニング超入門』係
FAX：03-3267-2271

●装丁：小野貴司
●本文：BUCH⁺

Excel（エクセル）でわかる
ディープラーニング超入門（ちょうにゅうもん）

2018年1月5日　初版　第1刷発行
2020年4月21日　初版　第5刷発行

著　　者　涌井良幸（わくいよしゆき）・涌井貞美（わくいさだみ）
発 行 者　片岡　巌
発 行 所　株式会社技術評論社
　　　　　東京都新宿区市谷左内町21-13
　　　　　電話　03-3513-6150　販売促進部
　　　　　　　　03-3267-2270　書籍編集部
印刷／製本　株式会社加藤文明社

定価はカバーに表示してあります。

ISBN978-4-7741-9474-5 C3055
Printed in Japan